内容简介

本书是中国工程科技发展战略福建研究院重大咨询研究项目"福建省海洋渔业绿色发展战略研究"的研究成果，重点研究了国际国内海洋渔业绿色发展现状，分析了福建省海水养殖、捕捞管理、资源增殖的现状、存在的主要问题、发展趋势和建议。共分为六章：第一章为海水养殖现状及存在问题研究；第二章为海湾养殖结构调整与新发展模式研究；第三章为养殖容量评估体系与管理制度研究；第四章为近海渔业资源捕捞管理与适应性对策研究；第五章为增殖渔业与发展定位研究；第六章包括《关于促进福建省海水养殖业绿色高质量发展的几点建议》和《关于构建福建近海捕捞管理新模式和加快推进限额捕捞试点的建议》两项院士、专家建议。

本书可供渔业管理部门、科技和教育部门、生产企业以及其他社会各界人士阅读参考。

中国工程科技发展战略福建研究院重大咨询研究项目

福建省海洋渔业
绿色发展战略研究

FUJIAN SHENG HAIYANG YUYE
LÜSE FAZHAN ZHANLÜE YANJIU

唐启升　主编

中国农业出版社
北　京

内容简介

本书是中国工程科技发展战略福建研究院重大咨询研究项目"福建省海洋渔业绿色发展战略研究"的研究成果，重点研究了国际国内海洋渔业绿色发展现状，分析了福建省海水养殖、捕捞管理、资源增殖的现状、存在的主要问题、发展趋势和建议。共分为六章：第一章为海水养殖现状及存在问题研究；第二章为海湾养殖结构调整与新发展模式研究；第三章为养殖容量评估体系与管理制度研究；第四章为近海渔业资源捕捞管理与适应性对策研究；第五章为增殖渔业与发展定位研究；第六章包括《关于促进福建省海水养殖业绿色高质量发展的几点建议》和《关于构建福建近海捕捞管理新模式和加快推进限额捕捞试点的建议》两项院士、专家建议。

本书可供渔业管理部门、科技和教育部门、生产企业以及其他社会各界人士阅读参考。

编委会

主　编　唐启升
副主编　方建光　王　俊
编　委　(按姓氏笔画排序)
　　　　马　超　王　俊　牛明香　方建光
　　　　苏永全　巫旗生　吴瑞建　沈长春
　　　　房景辉　唐启升　黄凌风　蒋增杰
　　　　曾志南

前 言 ///////////
FOREWORD

　　福建省是我国海洋渔业大省，海水养殖产量位居全国第一，海洋捕捞产量全国第三，海洋渔业为保障优质动物蛋白供给、提高全民营养健康水平、促进渔业产业兴旺和渔民生活富裕等作出了突出贡献，同时，在实现碳中和/减排二氧化碳、净化水质/缓解水域富营养化等生态服务功能方面也发挥着重要作用。2019年1月，经国务院同意，农业农村部会同生态环境部、自然资源部、国家发展和改革委员会、财政部、科学技术部、工业和信息化部、商务部、国家市场监督管理总局、中国银行保险监督管理委员会联合印发了《关于加快推进水产养殖业绿色发展的若干意见》，这是当前和今后一段时期内指导我国水产养殖业绿色发展的纲领性文件。因此，为进一步推动福建省海洋渔业绿色高质量发展，中国工程科技发展战略福建研究院设立了重大咨询研究项目"福建省海洋渔业绿色发展战略研究"（2019.09—2021.06）。项目组克服新冠肺炎疫情影响，及时调整工作计划，通过查阅文献和实地调研，研究了国际国内海洋渔业绿色发展现状，分析了福建省海水养殖、捕捞管理、资源增殖的现状，及其存在的主要问题和发展趋势，圆满完成了该项研究。

　　本书紧密围绕福建省"十四五"和中长期渔业发展需求，在广泛调研福建省海洋渔业资源禀赋、发展现状、制度建设等方面的基础上，深入剖析了福建省海洋渔业面临的问题和挑战，综合分析了国内外渔业高效管理和实践的成功案例，提出了适宜福建省海洋渔业绿色发展的实施路线图、保障措施和政策建议。全书共分为六章，其中：第一章海水养殖现状及存在问题，包括海水养殖发展现状和存在的主要问题；第二章海湾养殖结构调整与新发展模式，包括实施海湾养殖结构调整与新发展模式的战略意义，海湾养殖结构与养殖模式现状，海湾养殖结构调整与新发展模式的典型案例、面临的主要问题、主要任务和政策建议；第三章养殖容量评估体系与管理制度，包括建立养殖容量评估体系与管理制度的战略需求，养殖容量评估国内外研究和应用现状，可持续海水养殖管理典型案例分析，福建省海水养殖管理面临的主要问题、发展思路及战略目标、保障措施和政策建议；第四章近海渔业资源捕捞管理与适应性对策，包括近海渔业资源捕捞及管理现状，休渔效果实证，伏季休渔存在的主要问题，完善伏季休渔制度的意见和建议，限额捕捞试点方案概况，限额捕捞试点实施情况，限额捕捞面临的主要问题与挑战，限额捕捞发展思路与原则，实施限额捕捞保障措施及政策建议，福建省海洋捕捞业发展目标、管理重点任务和发展政策建议；第五章增殖渔业与发展定位，包括渔业资源增殖战略需求、福建省渔业资源增殖发展现状、我国渔业资源增殖发展现状、世界渔业资源增殖的发展现状与趋势、福建省渔业资源增殖面临的主要问题、福建省海洋渔业资源增殖发展建议；第六章是两项院士专家建议，《关于促进福建省海水养殖业绿色高质量发展的几点建议》的要点是"发展环境友好型的海水养殖业"，《关于构建福建近海捕捞管理新模式和加快推进限额捕捞试点的建议》的要点是"发展资源养护型的捕捞业"，相关成果得到了福建省委、省政府的高度重视。

　　本书是课题组院士、专家集体智慧的结晶，期望本书能够为福建省乃至全国的政府部门以及科研、教学、生产等相关单位提供借鉴，并为推进我国水产养殖业绿色发展起到积极作用。由于时间有限，不当之处在所难免，敬请批评指正。

编　者

2021年7月

目　录
CONTENTS

第二章　海湾养殖结构调整与新发展模式

第三章 养殖容量评估体系与管理制度

第四章　近海渔业资源捕捞管理与适应性对策

第五章 增殖渔业与发展定位

第六章 院士专家建议

附　　录

第一章 海水养殖现状及存在问题

福建濒临东海，南接南海，在夏、秋两季受北上黑潮暖流支流的控制，冬、春两季又受南下沿岸流的影响，加之有闽江、九龙江、晋江等河流的大量淡水注入，水质肥沃，海洋生物资源丰富，为海水养殖业的发展提供了良好的条件。福建海水养殖业经过几十年的发展，已成为福建海洋经济发展的主要产业之一（宁岳等，2011）。

一、海水养殖发展现状

2019年福建省海水养殖产量510.72万吨，面积163 713公顷，分别占全国海水养殖产量和面积的24.73%和8.22%（图1-1）（农业农村部渔业渔政管理局等，2020）。按养殖水域分，海上、滩涂的养殖产量分别占福建省海水养殖产量的66.8%和24.5%；按养殖方式分，筏式养殖、底播养殖、网箱养

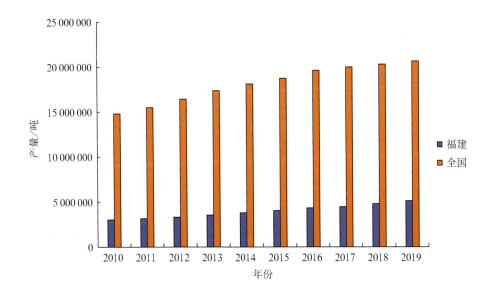

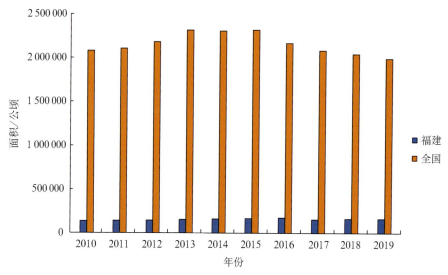

图1-1　2010—2019年福建及全国海水养殖产量和面积

殖、池塘养殖、吊笼养殖和工厂化养殖的产量占比分别为55.65%、14.91%、12.54%、10.83%、4.71%、1.36%。

（一）滩涂养殖现状

根据《中国渔业统计年鉴》，近十年，福建省滩涂养殖产量呈逐年稳步增长趋势，而养殖面积从2014年开始逐年缩减。2019年福建省滩涂养殖产量125.14万吨、养殖面积46 997公顷，分别占全国的20.38%、8.04%（图1-2）

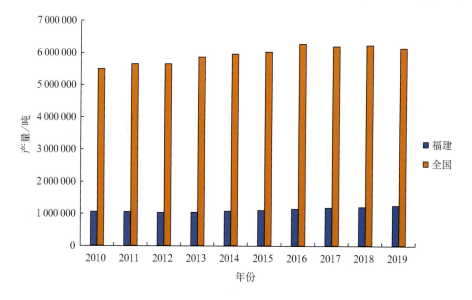

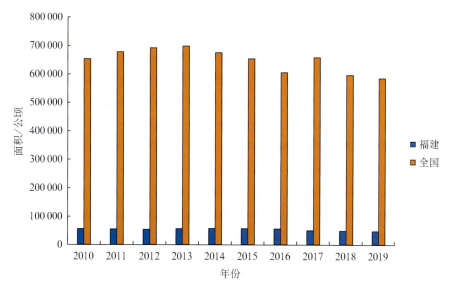

图 1-2　2010—2019 年福建及全国滩涂养殖产量和面积

（农业农村部渔业渔政管理局等，2020）。滩涂养殖的主要方式有棚架式、石桩、插竹、围网、底播等，主要养殖种类为福建牡蛎（*Crassostrea angulata*）、缢蛏（*Sinonovacula constricta*）、菲律宾蛤仔（*Ruditapes philippinarum*）、泥蚶（*Tegillarca granosa*）、文蛤（*Meretrix meretrix*）、美洲帘蛤（*Mercenaria mercenaria*）、紫菜（*Pyropia haitanensis*）、三疣梭子蟹（*Portunus trituberculatus*）、拟穴青蟹（*Scylla paramamosain*）等。

1.棚架式养殖

棚架式养殖是养殖场地为底质平坦、水流畅通、风浪较小的内湾，在由固定桩和横杆或网帘搭成的棚架上垂吊苗绳进行贝类或藻类养殖的一种方式，养殖种类主要为福建牡蛎（*Crassostrea angulata*）、紫菜（*Pyropia haitanensis*）等。

2.插竹养殖

插竹养殖是福建省养殖牡蛎的一种较为传统的方法，它有效地利用水域，单位面积产量较高，操作方便。目前，福建省沿海较多采用这种方法养殖熊本牡蛎（*Crassostrea sikamea*）。插竹养殖需在风平浪静、底质为泥底或泥沙底的潮间带进行。采苗后即进入养成阶段，插竹养殖方式有插排、插节、插堆三种插法（王如才等，2008）。

3.石桩养殖

石桩养殖是在牡蛎繁殖盛期，向亲贝集中的海区投放石块，使牡蛎稚贝附着其上，再将附着稚贝的石块合理放置于适宜海区进行养殖的一种牡蛎养殖方式。

4.围网养殖

滩涂围网养殖分为直接围网养殖和低坝高围式围网养殖，主要用于鱼类、贝类、甲壳类、藻类和其他种类（如海参、海蜇）等的养殖。直接围网养殖是在滩涂中利用网片围成一个养殖水体，并利用绳、锚、柱、桩或竹竿等进行网片固定的养殖方式，具有设施简易、投资成本低、抗台风能力差等特点。低坝高围式围网养殖的特征在于"低坝"和"高围"，其中低坝是指利用堤坝维持一定的围塘水位高度，在潮位不高时可以保证正常养殖的水量；高围栏可以在海水潮位较高时进行泄洪，不影响正常养殖。

5.底播养殖

滩涂底播养殖是福建传统的养殖方法之一，对滩涂景观没有影响，也是高效益、可持续的养殖方法。依据滩涂底质不同，其养殖种类略有不同，其中泥质的滩涂主要底播泥蚶（*Tegillarca granosa*）、缢蛏（*Sinonovacula constricta*）等，沙泥质的滩涂主要底播菲律宾蛤仔（*Ruditapes philippinarum*）、文蛤（*Meretrix meretrix*）、美洲帘蛤（*Mercenaria mercenaria*）、波纹巴非蛤（*Paphia undulate*）等。

（二）浅海养殖现状

根据《中国渔业统计年鉴》，近十年，福建省浅海养殖产量和面积均呈逐年稳步增长趋势。2019年福建省浅海养殖产量3 411 004吨、养殖面积87 314公顷，分别占全国的28.57%和7.90%（图1-3）（农业农村部渔业渔政管理局等，2020）。福建省浅海养殖方式主要为网箱养殖、筏式养殖、吊笼养殖和底播养殖等。在养殖种类方面，鱼类主要为大黄鱼（*Larimichthys crocea*）、石斑鱼、眼斑拟石首鱼（*Sciaenops ocellatus*）、鲈（*Lateolabrax japonicus*）和鲷科鱼类等，贝类主要为福建牡蛎（*Crassostrea angulata*）、鲍（*Haliotis discus hannai*）、菲律宾蛤仔（*Ruditapes philippinarum*）、波纹巴非蛤（*Paphia undulate*）等，藻类主要为紫菜（*Pyropia haitanensis*）、海带（*Saccharina japonica*）、龙须菜（*Gracilariopsis lemaneiformis*）等，此外还有海参等。

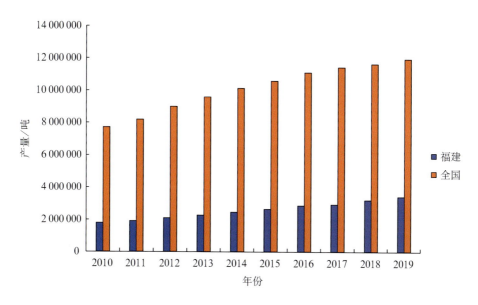

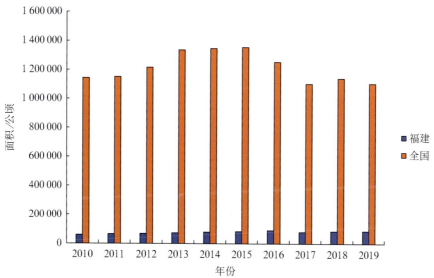

图1-3 2010—2019年福建及全国浅海养殖产量和面积

1.网箱养殖

福建省海水网箱养殖起始于20世纪80年代，2019年福建省海水网箱养殖产量34.35万吨、养殖面积15 790 026米^2，分别占全国的45.47%和37.34%（图1-4）（农业农村部渔业渔政管理局等，2020）。其中，普通网箱养殖面

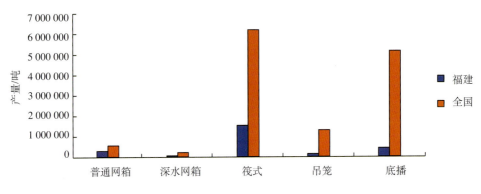

图1-4 福建及全国浅海各养殖方式的养殖产量

积14 682 814米², 产量28.31万吨, 主要养殖种类有大黄鱼（*Larimichthys crocea*）、石斑鱼、鲈（*Lateolabrax japonicus*）、真鲷（*Pagrosomus major*）、眼斑拟石首鱼（*Sciaenops ocellatus*）等。近几年, 由于沿海经济发展, 传统湾内养殖区逐渐萎缩, 为了拓展湾外养殖空间, 福建省研制或引进了抗风浪深水网箱, 目前已发展深水网箱1 107 212米², 养殖产量6.0万吨, 主要养殖种类有大黄鱼（*Larimichthys crocea*）、石斑鱼等名优鱼类。

（1）普通网箱。浅海养殖网箱的数量众多, 结构型式各有差别, 但绝大多数网箱都是木板或钢管结构的小型网箱。网箱多为正方形, 规格从3米×3米到6米×6米, 网衣深度3～4米。养殖业者往往是将几十个或几百个, 甚至上千个网箱组合成排, 密集敷设于浅海内湾水域。普通网箱由于结构简单、操作方便、造价低廉, 在发展初期比较适合我国的国情, 在推动我国海水网箱养殖业的形成和发展, 增加优质海水鱼类产量和发展渔村经济方面, 发挥了重要的作用。然而, 普通网箱养殖的快速发展, 也带来了严重的海区环境与生态问题。由于传统的小型网箱抗风浪能力较差, 只能设置在避风条件较好、流速较小的浅海内湾。大量的网箱集中于局部海区, 造成流速减缓, 同时由于缺乏安全、有效的防止污损生物在网箱附着的方法, 导致网箱内外水体交换能力差, 养殖过程中的残饵、排泄物等大量沉积。目前普通网箱主要养殖鱼类。

（2）莆田钢骨架升降式湾外底层海域抗风浪养殖网箱。钢骨架升降式湾外底层海域抗风浪流养殖网箱系统是由福建省水产研究所联合集美大学、莆田市秀屿区水产技术推广站等单位共同研发, 莆田海之鸿水产科技有限公司承建。该网箱为八边形, 周长44米, 总高12米, 重约110吨, 养殖水体约1 000吨, 网箱可布置在25米左右水深的湾外底层海域进行养殖, 年养鱼产量15吨, 可养殖大黄鱼（*Larimichthys crocea*）、石斑鱼等鱼类3万尾。该网箱系统具有以下特点：①抗风浪流性能好，可在15级台风生存工况以及最大流速1.5米/秒以下的湾外底层海域实现安全、高效养殖；②管理作业方便，通过空气泵充排气就可以实现网箱的升降控制，且具有三种不同的升降状态以满足生产管理需求；③投资经济，单套网箱投资建设成本100万元，能够满足养殖企业甚至是养殖户的投资需求。

（3）宁德网箱小改大、浅改深模式。2006年开始，宁德市将3米×3米小型普通网箱在原有框位上改造成12米×12米、15米×15米、18米×18米等不同规格的大网箱，网衣深度也从3～4米加深至8米，通过加大、加深网箱充分利用养殖空间，单位水体的载鱼量未明显增加，却保持了合理的养殖密度，有效改善了大黄鱼（*Larimichthys crocea*）生活环境，提高了大黄鱼品质，增加了经济效益（王凡等，2019）。

（4）宁德塑胶渔排改造。2018年宁德开展新型抗风浪塑胶网箱建设。该种网箱具有稳定性强、抗风浪、抗老化、抗扭曲、耐碰击、水流通畅、养殖密度大、养殖单产高等特点，成活率比现有木箱养殖提高约20%，节省海域面积30%以上。传统养殖渔排用料为塑料泡沫浮球和木头，一般使用寿命约4年，陈旧老化后易形成大量海漂垃圾，污染海洋环境。而新型塑胶渔排使用寿命约10年，到期后塑胶还可回收利用，环保特点突出，抗风浪性能好（陈洪清，2020）。

（5）连江鲍机械化养殖平台。连江苔菉镇东洛岛海域"振鲍1号"鲍机械化养殖平台是由福建中新永丰与上海振华重工联合研发的国内首台大型现代化鲍养殖设备，是国内鲍养殖行业迈入现代化的一个标志，使福建鲍养殖的范围从离岸200米的近岸区域开始向3千米外的外海区域发展，有效拓展了鲍养殖空间。该养殖平台是外形为长方形的巨型网箱，长24.6米、宽16.6米、深1.8米，可以容纳近5 000个鲍养殖箱，预计单台年产鲍约12吨。养殖平台是由浮体结构、养殖网箱、上部框架、水下框架、机械提升装置5个部件组成，实现了饵料输送、投放及网箱上下吊装全部机械化。除此之外，该设备引入风力发电系统，充分利用海上丰富的自然资源，为鲍养殖提供了绿色的环保动力。

2.筏式养殖

2019年福建省筏式养殖产量152.48万吨、养殖面积44 062公顷，分别占全国的24.69%和13.54%。主要养殖品种为福建牡蛎（*Crassostrea angulata*）、紫菜（*Pyropia haitanensis*）、海带（*Saccharina japonica*）、龙须菜（*Gracilariopsis lemaneiformis*）等。2019年，福建省牡蛎养殖产量201.26万吨、养殖面积36 943公顷，分别占全国的38.51%和25.46%；海带养殖产量80.31

万吨、养殖面积20 414公顷，分别占全国的49.45%和45.88%；紫菜养殖产量8.1万吨、养殖面积14 834公顷，分别占全国的38.04%和19.84%；江蓠养殖产量24.43万吨、养殖面积6 846公顷，分别占全国的70.18%和72.92%（图1-5）（农业农村部渔业渔政管理局等，2020）。

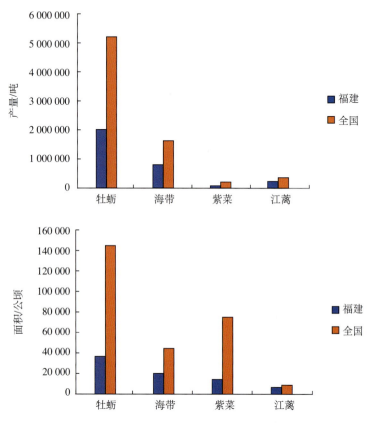

图1-5　2019年福建及全国牡蛎、海带、紫菜、江蓠养殖产量和面积

（1）牡蛎延绳式养殖。适用于风浪较大的海区。延绳式养殖以一根PVC浮纹绳为主体，两端用同规格的锚绳与海底的桩脚连接固定；具体设置为每列相距2～3米在海底打上木桩固定于海底，然后用绳子一端连接木桩，另一端浮于水面作为连接浮纹绳的母绳，绳子直径为14～16毫米；每行浮纹绳绳长100～120米，与两边海底木桩母绳连接固定，每35～45行为一养殖小区，每小区相隔8～12米，每根浮纹绳上每隔2～4米缚上一个直径40～60厘米的浮球，相邻两根浮纹绳每间隔30～35厘米横挂一条蛎绳（林丹等，2019）。

（2）牡蛎浮筏式养殖。牡蛎浮筏式养殖适宜水深8米以上、水温常年稳定、夏季水温不超过32℃、底质为泥质或泥沙质的海区，海区表层流速一般以0.3～0.5米/秒为宜，海水比重应在1.008～1.020。牡蛎养殖浮筏由框架、泡沫浮桶、锚缆系统三部分组成，框架材料以杉木或大毛竹为主。①杉木框架浮筏基本结构：杉木长为4.2米，头径8～11厘米，尾径5～7厘米。横杆13根，间距约30厘米；下纵杆6根，分三组左中右平均分布，每组两根，间距约30厘米，作扎泡沫浮桶之用，组成一个4.2米×4.2米的杉木单架，木与木的交叉点用75丝以上聚乙烯绳绕多圈扎紧。浮筏由单架相互组合连接而成，一般浮筏规格为宽3个单架、长12～20个单架。单架在组合时，每个单架上层再加扎平均分布的4根上纵杆，使整个浮筏结构更坚固。泡沫浮筒规格一般为直径60厘米、长80厘米，平均每个单架绑扎4～5个。锚缆系统由重约0.75吨的混凝土砣块作沉锚及280毫米聚乙烯缆绳组成，一般3×12个单架的浮筏用沉锚12个，即两端宽边各3个、长边各3个。②毛竹框架浮筏基本结构：最好选用生长期6年以上老毛竹，一般长约9米，头径10～13厘米，尾径6～7厘米。由于毛竹较长，所以浮筏的宽边一般用2根毛竹拼接成一字形横杆，下纵杆的布设及捆扎原理与杉木框架基本相同，毛竹浮筏的长边一般由8根以上毛竹接合而成，根据实际情况而定。泡沫浮筒、锚缆系统的布设与杉木框架浮筏基本相同（欧洪来，2018）。

（3）紫菜筏式养殖。主要由网帘、筏架（包括固定筏架的橛、缆，浮子等部分）组成。网帘由网片、网纲组成，网帘规格为（1.6～1.8）米×18米，网目为边长26～30厘米的正方形；网片绳为78～108股维尼纶和低压聚乙烯混纺绳；网纲直径为网片绳直径的2倍。筏架的橛缆是直径为16～20毫米的聚乙烯绳；框缆用12～16毫米的聚乙烯绳；分布在框缆上的浮子为圆桶式的塑料泡沫。网帘与框缆用78～108股吊边绳系牢。采用每"一方"为一小区，每小区养殖紫菜10亩*（1 800米²网帘），小区由框缆围成长方形，宽40米（18米两片网帘纵向对接张挂），长55～60米，在对接张挂的两片网帘中间再拉一条与长边平行的框缆（不加浮子），四角及中间框缆两头通过橛缆固定，橛缆的长度是水深的5～7倍。采用三角架干出，两条框缆之间每隔10～15米有一铁钩拉绳，位置在网帘下方靠近浮子处，在拉绳上面的网帘边口上，有固定的对接支撑浮竹。操作时依次拉紧带铁钩的拉绳，把小钩挂在框缆上，在两条框缆靠拢的过程中将浮竹和网帘向上拱起形成三角形，使网帘出水干露，结束时取下挂钩，浮筏即恢复原状，利用三角式浮筏，可以按照需要随时进行紫菜网帘的干出，并根据实际情况掌握干出的时间（陈百尧等，2008）。

（4）海带筏式养殖。单式筏子养殖，由若干浮子（泡沫球或环保浮球）绑

---

* 亩为非法定计量单位，15亩=1公顷，下同。——编者注

在浮绠上制成筏身,浮在水面上用以悬挂海带苗绳。两条橛缆连接筏身和锚固石桩,用以固定筏身。浮绠为聚乙烯绳缆,直径应大于32毫米,筏身长度为70米;锚固石桩直径20厘米左右,长度1.5 ~ 2.0米;养殖浮球的直径为30 ~ 40厘米,每台筏子需浮子20 ~ 40个。

(5) **龙须菜筏式养殖。**养殖筏架由橛、橛缆、浮绠绳、苗绳、浮子等材料组成,分苗后,把苗绳两端对称地挂在两台筏子的浮绠绳上,苗绳间距为40 ~ 60厘米。一般每年清明前开始夹苗放养,夹苗是指用夹苗器(竹板)进行人工操作,把苗绳和夹苗人相对的一端放入夹头,边拉苗绳边扭开绳结,把种苗柄部夹入绳结中,每一结点夹一株或数株种苗不等,苗结间距一般为10 ~ 15厘米。播放种苗1个月后,可进行第一次采收。采收后留下20 ~ 30厘米根茎继续生长(徐立新,2018)。

(6) **紫菜全浮流养殖。**全浮流式养殖对象主要是坛紫菜,为了解决全浮流式养殖网帘的紫菜干露问题,主要使用平流式养殖方式。平流式养殖方式结构接近翻转式,主要由两条浮绠形成一行,把网帘有秩序地固定在浮绠中间,网帘与浮绠间距保持在20 ~ 30厘米。在两条浮绠上布置浮子25 ~ 30个。浮子呈实心圆柱状,用泡沫塑料制成,平时网帘和浮绠浮在水面。该方式不设干露装置,只需每水采收紫菜完毕后,把网帘运到岸上干露1 ~ 2天,然后重新挂到海区,直到下一水紫菜采收(刘燕飞等,2019)。

3.吊笼养殖

2019年福建省吊笼养殖产量12.92万吨、养殖面积6 392公顷,分别占全国的10.01%和4.57%。主要养殖种类为鲍、单体牡蛎、海参等。鲍养殖业是近年来福建省增长速度最快、经济效益最好的产业之一,由于浅海浮筏式网箱鲍养殖技术的推广,鲍养殖面积、产量及育苗量急剧增长,2019年福建省鲍养殖产量143 970吨、面积6191公顷,分别占全国的79.86%和42.14%。近几年福建省海参养殖发展迅速,2019年养殖产量27 437吨、养殖面积1 540公顷,分别占全国的15.98%和0.62%(图1-6)(农业农村部渔业渔政管

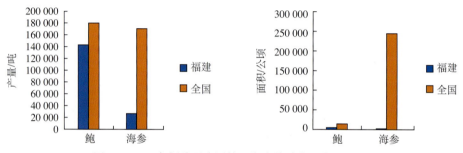

图1-6 2019年福建及全国鲍、海参养殖产量和面积

理局等，2020）。

（1）鲍吊笼养殖。鲍吊笼养殖是用养殖笼、养殖筏架等作为养殖器材，在浮筏或者浮架上进行吊养的一种养殖方式，包括浮筏式养殖和延绳式养殖，是目前福建鲍养殖的主要模式。需选择海水盐度稳定，最低盐度在26以上，水温范围在8～28℃，透明度在2米以上，水深7米以上的海区。鲍养殖区的面积与海区面积之比保持在1：（8～12）为宜。鲍浮筏式养殖排的主体框架由木板、铁片等组成，下缚若干个泡沫浮球，用木桩或铁锚固定，每个框4米×4米，可布上6根竹竿用于吊挂鲍笼，每框渔排可吊挂36笼。鲍笼为黑色硬质塑料笼，每层规格为40厘米×30厘米×12厘米，5层重叠组成1笼，并用塑料绳捆绑，每层有1个供投饵用的小门（许智海，2020）。延绳式养殖以一根PVC浮纹绳为主体（浮绠），两端用同规格的锚绳与海底的桩脚连接固定，浮纹绳系以浮子使绳浮于水面，养殖笼吊挂于浮绠上，每串笼子保持1米的间隔距离。延绳式养殖的抗风能力强，也便于沉入水面下一定深度以防高温。近年来，为减小海面白色泡沫污染、改变"泡沫＋木板"的传统渔排养殖模式，开始推广环保型"塑胶渔排"升级改造模式（黄洪龙等，2019）。

（2）海参吊笼养殖。海参吊笼养殖一般选择水深10米以上、潮流畅通、水质良好、饵料丰富的海区，无淡水冲入，盐度稳定在28～32。养殖筏架为由浮绠、浮漂、固定桩与锚绳等组成的浮筏，装置成类似渔排结构，规格为3米×3米×3米。浮绠借助浮漂的浮力浮于海面，养殖笼通过吊绳悬挂在浮绠上。橛缆和橛子用以牢固筏体。吊笼可为塑料圆筒或塑料方箱，其规格为40厘米×30厘米×12厘米，3～5个箱组成一笼，用塑料绳捆扎，每个箱子存留一个开合门用于投放饵料。筏架排列与进排水方向一致，筏架间隔1.2米，养殖笼间隔1米，养殖笼离海底1米左右（李成军等，2016；鲍学宇，2019；胡荣炊等，2019）。

（3）单体牡蛎吊笼养殖。单体牡蛎吊笼养殖是近几年福建逐渐发展的一种牡蛎养殖方式，是指把壳高5～6厘米的附壳牡蛎剥离成单体装入扇贝网笼在浮绠上吊养。一般地，壳高5～6厘米的牡蛎每层放苗量控制在50粒左右，养殖笼为8层，即每笼放苗400粒左右；当单体牡蛎长到壳高12厘米左右时再分苗，每层13粒左右，每笼100粒左右。分苗时须根据养殖笼大小调整牡蛎数量，做到既不影响牡蛎生长，又不浪费养殖器材（刘纪皎，2020）。

4.围网养殖

浅海围网养殖是指在港湾区域利用网栏等围出一片养殖区进行养殖，是一种接近生态养殖的模式，相较于传统近岸小网箱，具有养殖水体大、成鱼品质好、养殖环境友好以及单位水体养殖成本低等优势。由于港湾受潮汐影响较大，风浪流较滩涂更大，所以浅海围网养殖的技术难度大于滩涂围网养殖。浅海围网养殖主要用于鱼类养殖或鱼-贝混养等，该养殖模式存在养殖区风浪较大、岸基连接困难等难题，亟须通过技术创新予以改进（周文博等，2018）。

5.底播养殖

2019年福建省底播养殖产量408 522吨、养殖面积14 056公顷，分别占全国的7.97%和1.57%（农业农村部渔业渔政管理局等，2020）。主要养殖种类为菲律宾蛤仔（*Ruditapes philippinarum*）、波纹巴非蛤（*Paphia undulate*）和美洲帘蛤（*Mercenaria mercenaria*）等。

（三）海水池塘养殖现状

根据《中国渔业统计年鉴》，2010—2019年，福建省海水池塘养殖面积呈现先增后减的趋势，2015年养殖面积最大，达31 547公顷，2019年降至21 859公顷；海水池塘养殖产量从2010年的23.09万吨，增长到2017年的34.41万吨，但随着养殖面积的减少，在2019年骤降至29.67万吨，占全国的11.85%（图1-7）。

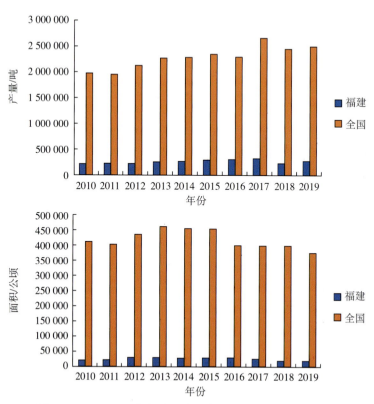

图1-7 2010—2019年福建及全国海水池塘养殖产量和面积

池塘是现代渔业发展的重要基础设施，池塘养殖业是福建省养殖渔业的重要产业，其产量约占全省水产养殖产量的30%。由于传统池塘常年失修、淤积严重、水深不足、排水系统不完善，难以实现健康养殖和高产高效，近年来，福建省大力实施标准化池塘建设改造工程，目前已建成1.67万公顷标准化池塘养殖基地，改善了池塘养殖生产条件，增强了病害防御能力，提高了防洪标准，扩大了池塘立体空间和单位养殖容量，使池塘养殖亩增产30%~50%，进一步推动了福建省海水养殖业的持续健康发展。如莆田后海改造建设标准化养殖池塘2 650亩，年产凡纳滨对虾（*Litopenaeus vannamei*）、三疣梭子蟹（*Portunus trituberculatus*）等水产品3 000吨，成为福建池塘养殖示范基地。

1.池塘多营养层次综合养殖

福建池塘养殖90%以上采用多营养层次综合养殖模式，主要利用滤食性、肉食性和杂食性三类不同营养级种类组成养殖系统，建立了蛤-虾混养、蛤-虾-鱼混养和蛤-虾-蟹混养等多种池塘生态养殖模式，充分利用养殖生态系统的自我修复及自净能力，减少养殖自身污染，从而提高养殖种类的存活率和生长率以及获得最佳产量，达到提高养殖系统的生态效益与经济效益的目的。

（1）蛤-虾混养模式。该养殖模式适宜于面积几十至几千亩的池塘。养殖池中央整畦，在养殖池中央及环池周边播种菲律宾蛤仔或美洲帘蛤，其面积约占全池面积的10%，全池放养对虾。该养殖模式的主要功能是利用对虾的残饵和排泄物肥水并供菲律宾蛤仔或美洲帘蛤滤食。

（2）蛤-虾-蟹混养模式。该养殖模式适宜于面积100亩以下的池塘。环养殖池塘围1圈聚乙烯塑料网，在池塘中央围2圈围网，围网间放养三疣梭子蟹（*Portunus trituberculatus*）或拟穴青蟹（*Scylla paramamosain*）和凡纳滨对虾（*Litopenaeus vannamei*），围网外及中央2圈围网内（占全池面积的10%~20%）播种菲律宾蛤仔或美洲帘蛤。该养殖模式的主要功能是利用人工投饵提供虾蟹饵料，虾蟹残饵和排泄物经微生物分解成营养盐后繁殖浮游生物，为菲律宾蛤仔或美洲帘蛤提供饵料。

（3）蛤-虾-鱼混养模式。该养殖模式适宜于面积100亩以下的池塘。与蛤-虾-蟹混养模式类似，在围网间放养日本对虾及肉食性鱼类（河鲀、鳗鲡等），在围网外及中央2圈围网内投放少量篮子鱼。该养殖模式的主要功能是通过搭配养殖肉食性鱼类吞食病虾和死虾，减少虾病链式传播；通过搭养杂食性篮子鱼，清除菲律宾蛤仔或美洲帘蛤养殖的主要敌害生物浒苔，减少水体营养盐消耗及避免藻体覆盖对菲律宾蛤仔或美洲帘蛤生长及存活的影响。

（4）宁德缢蛏底铺网养殖模式。将聚乙烯网片埋入养殖滩面40厘米左右，然后覆盖泥土进行缢蛏（*Sinonovacula constricta*）养殖，有效限制了缢蛏的下潜深度，同时对养殖过程无任何影响。该养殖模式下，100亩池塘中30亩用于养殖缢蛏，可降低人工采捕成本约40%，并能提高缢蛏回捕率。

池塘多营养层次综合养殖模式目前面临的主要问题包括缺少科学规划与布局、设施化和机械化程度低、养殖病害日益增多、养殖良种缺乏等。

2. 高位池养殖

福建省高位池养殖的主要种类是凡纳滨对虾和石斑鱼。高位池养殖具有环境相对易控、自然风险较小、消毒较为彻底、可以高密度精养、高产高效等特点。一般每平方米水面放养体长4～5厘米的虾苗250～400尾（合250万～400万尾/公顷），远高于传统池塘养虾的放养密度。因而在养殖过程中很容易出现有机物沉积和水体富营养化，表现为养殖中后期随着粪便、残饵及相关有机物的积累和沉积，悬浮性及溶解性有机物增多，底质变差，水体硬度变小，酸化加重，pH下降，最直观的表现为氨氮积累、亚硝酸盐飙升。与此同时，随着虾个体的增大，大量的蜕壳行为会导致池塘底排水不畅，从而影响排污效率，反过来加剧虾池水质恶化（李琦等，2011；叶翠等，2019）。

池塘菲律宾蛤仔人工育苗是福建省池塘养殖的特色之一。目前福建菲律宾蛤仔苗种产量已占全国的90%以上，而其中的70%来自池塘培育。随着福建20世纪80年代菲律宾蛤仔池塘人工育苗获得成功，90年代末垦区（单口上千亩的大面积池塘）育苗技术得到突破，菲律宾蛤仔苗种实现了产业化生产，尤其是垦区贝苗产量大，平均6万～9万粒/米^2，极大满足了我国菲律宾蛤仔养殖产业发展的需求，目前福建垦区和池塘菲律宾蛤仔育苗面积已超过10万亩，其中垦区6万多亩，全部分布在福清（翁国新，2006；肖友翔等，2020）。

（四）海水工厂化养殖现状

近十年福建海水工厂化养殖的水体体积和产量稳步增加，从2010年的3 558 472 米^3、8 095吨发展到2019年的12 627 454米^3、3.7万吨，分别占全国的35.92%和13.49%（图1-8）。福建省海水工厂化养殖分为工厂化育苗和工厂化成鱼养殖，主要培育和养殖的种类有石斑鱼、大黄鱼（*Larimichthys crocea*）、河鲀、鲷科鱼类、凡纳滨对虾（*Litopenaeus vannamei*）、斑节对虾（*Penaeus monodon*）、日本对虾（*Penaeus japonicus*）、鲍、牡蛎、菲律宾蛤仔（*Ruditapes philippinarum*）、紫菜（*Pyropia haitanensis*）、海带（*Saccharina japonica*）等。

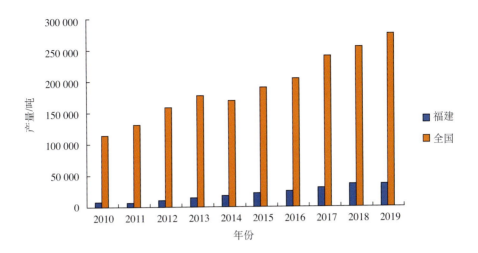

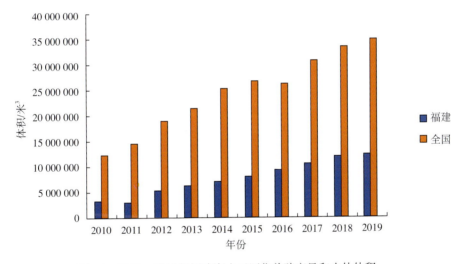

图1-8 2010—2019年福建海水工厂化养殖产量和水体体积

1.工厂化育苗

福建海水工厂化育苗场众多,仅东山县就有鲍育苗场2 000多家。工厂化育苗多采用换水式和流水式培育。如鲍(林位琅等,2018)、石斑鱼(吴斌等,2019)采用流水式培育,大黄鱼(王凡等,2019)、河鲀(陈燕婷等,2019)、鲷科鱼类、对虾(林楠等,2019)、牡蛎、菲律宾蛤仔、海带(翁祖桐,2018)等采用换水式培育。有些种类早期培育不换水或者少换水,后期才开始换水,如牡蛎(曾志南等,2011;巫旗生等,2015);有些种类早期培育采用微流水,中后期才开始换水,如石斑鱼(吴斌等,2019)。

2.工厂化成鱼养殖

福建海水工厂化养殖主要有两种，一是流水式或换水式养殖，二是封闭式循环水养殖。流水式或换水式养殖处于工厂化养殖的初级阶段，如鲍陆基养殖，这种养殖方式一是消耗大量地下水资源，二是养殖排放水影响周边海域生态环境。工厂化封闭式循环水养殖是目前世界上发达国家采用较多的先进养殖模式，与传统养殖相比，单位养殖产品可节约90%~99%的水和95%~99%的土地，具有节水、节能、节地、生态、安全、高效等特点（臧维玲等，2019；王峰等，2013）。近年来，福建诏安泉盈、厦门新颖佳、福清宏峰泰、漳浦万丰等养殖企业，引进澳大利亚、德国、日本等国养殖技术和设备，经过自主创新和消化，建成了较为先进的封闭式循环水养殖系统。如漳浦县万丰水产科技有限公司6 000米²封闭式循环水养殖车间，对虾养殖周期比池塘养殖缩短1/3，养殖用水减少95%以上，单位面积产量提高5倍，其养殖的凡纳滨对虾亩产量达10吨（王向阳，2006）。目前福建工厂化循环水养殖企业有90多家，养殖面积70多万米²，在保障水产品持续增收的同时，也缓解了土地资源匮乏、水域滩涂日益萎缩的困境。

（五）三个典型养殖海湾（三沙湾、平海湾和诏安湾）养殖现状

1.三沙湾海水养殖现状

三沙湾位于福建省东北部宁德市辖区内，东北侧近邻福宁湾，西南侧与罗源湾相邻，为罗源半岛和东冲半岛所环抱，仅在东南方向有1个狭口东冲口与东海相通，口门宽约2.6千米，最大水深为104米，是个近封闭型的海湾。该湾四周群山环绕，海岸主要由基岩、台地和人工岸段组成，岸线总长度约450千米，湾内总面积为714千米²。其中滩涂面积308千米²，主要开展贝类和虾类养殖；海域水面406千米²，以浮筏养殖、网箱养殖为主，目前养殖网箱有40多万口。三沙湾海水养殖种类有鱼类、虾类、蟹类、贝类、藻类。其中鱼类养殖以大黄鱼为主，占鱼类总产量的72.3%；贝类养殖以缢蛏、泥蚶和牡蛎为主；虾类养殖的主要种类为凡纳滨对虾（*Litopenaeus vannamei*），也有少量刀额新对虾（*Metapenaeus ensis*）、日本对虾（*Penaeus japonicus*）等；藻类养殖冬春季主要是海带（*Saccharina japonica*）（占藻类总产量的73%以上）和紫菜（*Pyropia haitanensis*），夏秋季主要是龙须菜（*Gracilariopsis lemaneiformis*）。

近十年来，三沙湾网箱养殖发展迅速，但由于缺乏科学合理的规划，湾内网箱呈局部过密状态。其中，蕉城区的青山斗帽一带，海区网箱布局密度达75%之高。一方面，高密度的网箱严重阻碍海区的水体流动，海湾与外海水体

交换能力极差，在7—8月水温较高时鱼类病害频发，主要疾病有弧菌病、虹彩病毒病、布娄克虫病、白身症等，病害已成为制约三沙湾鱼类网箱养殖的重要因素之一。另一方面，未被利用的大量饵料及网箱鱼类的排泄物进入水体，导致海区营养化指数较高。郑钦华（2017）对三沙湾水产养殖区的水质调查结果表明三沙湾水产养殖区水质处于中度富营养化状态。尽管贝类和大型海藻的养殖规模也较大，但鱼、虾、蟹的养殖，尤其是大黄鱼大规模养殖，导致有机污染净输入大，鱼、虾、蟹养殖的氮输入超过了贝、藻养殖对氮的吸收作用，导致海区氮超标严重。目前，宁德市已就三沙湾海水养殖结构进行了系统性整改，整改内容包括：①禁养区内海上养殖全部清退；②科学规划养殖区和限养区，44.4万口网箱全面升级改造为塑胶渔排或深水网箱并进行合理布局，47.5万亩藻类养殖全部使用塑胶浮球；③海上养殖饵料交易市场有序整治、规范管理；④海上垃圾及时收集、处理，渔排养殖生活污水达标排放，近岸海域水质优良比例达到规定要求，海上养殖业健康可持续发展（图1-9、图1-10）。

2.平海湾海水养殖现状（以秀屿区为例）

平海湾位于福建省莆田市秀屿区，在兴化湾之南、埭头与忠门两半岛之间，北起石城，南至文甲。平海湾处于兴化湾与湄洲湾之间，是莆田三湾之

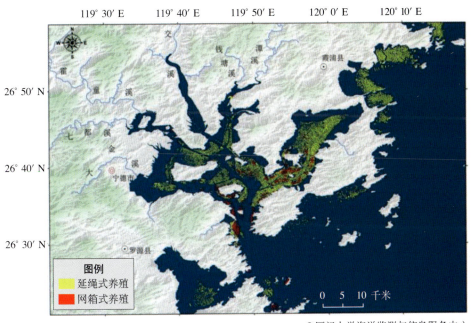

©厦门大学海洋监测与信息服务中心

（a）2019年11月养殖渔排分布

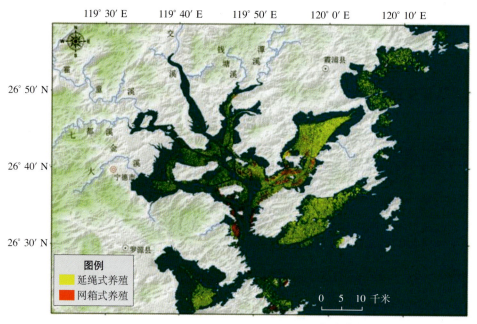

©厦门大学海洋监测与信息服务中心

（b）2020年2月养殖渔排分布

图1-9　三沙湾水域养殖结构布局卫星遥感图

一。2019年，莆田秀屿区海水养殖产量49.21万吨、养殖面积10 305公顷，分别占全省的9.63％和6.29％。其中，海水鱼类养殖产量2 579吨、养殖面积90公顷，主要养殖种类为鲷科鱼类、眼斑拟石首鱼（*Sciaenops ocellatus*）、鲈（*Lateolabrax japonicus*）、石斑鱼等；甲壳类养殖产量5 920吨、养殖面积591公顷，主要养殖种类为凡纳滨对虾（*Litopenaeus vannamei*）、日本对虾（*Penaeus japonicus*）、三疣梭子蟹（*Portunus trituberculatus*）等；贝类养殖产量20.65万吨、养殖面积3 281公顷，主要养殖种类为福建牡蛎（*Crassostrea angulata*）、鲍、菲律宾蛤仔（*Ruditapes philippinarum*）、缢蛏（*Sinonovacula constricta*）等；藻类养殖产量27.69万吨、养殖面积6 326公顷，主要养殖种类为海带（*Saccharina japonica*）、龙须菜（*Gracilariopsis lemaneiformis*）、紫菜（*Pyropia haitanensis*）等。2019年莆田秀屿区有海水育苗场87家、海水育苗水体631 100吨，其中虾类育苗360 000万尾，贝类育苗93 950万粒，海带育苗188 760万株，紫菜（*Pyropia haitanensis*）育苗5 255万贝壳。

3.诏安湾海水养殖现状

诏安湾地处福建省诏安、东山县东南沿海，西面为宫口半岛，东面是东

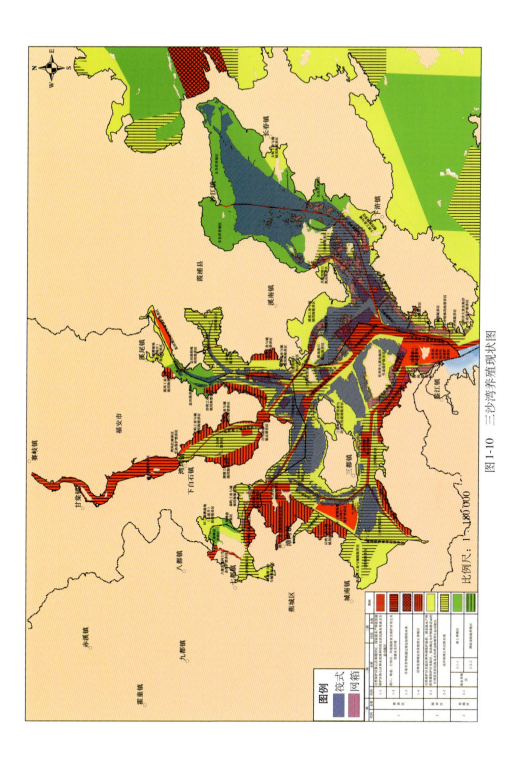

图1-10 三沙湾养殖现状图

山岛，东北面经八尺门海峡水道与东山湾相连。海湾略呈南北伸展，长约17千米，宽约8千米，总面积为152.66千米^2，海岸蜿蜒曲折，长63.5千米，湾内海底宽浅平坦，水深5～10米，湾内有大、小岛礁30个，滩涂面积4.10万亩。诏安湾口朝南，口门有城洲岛和西屿等岛屿屏障，宽约7千米，诏安湾纳东溪、西溪，又有公子店溪、石枫溪、林瞭溪和梅洲溪汇聚港口渡注入。

根据《诏安县水产养殖控制性详细规划（2020—2030年)》和《东山县养殖水域滩涂规划（2018—2030年)》统计，诏安湾内养殖活动密集。其中，贝类底播面积2 583.07公顷，主要底播种类为菲律宾蛤仔；滩涂养殖面积692.59公顷，主要养殖种类为福建牡蛎；浅海延绳藻类养殖1 683.87公顷，主要养殖种类为龙须菜；浅海延绳贝类养殖4 625.86公顷，主要养殖种类为福建牡蛎和鲍；网箱养殖346.67公顷，主要养殖种类为鲈、石斑鱼和鲍；池塘养殖597.19公顷，为多营养层次综合养殖（图1-11)。

二、海水养殖业存在的主要问题

福建海水养殖业经过几十年的发展，已成为福建海洋经济发展的主要产业之一，它对于推动福建沿海地区经济和社会发展起着重要作用，但同时也存在一些问题。

（一）养殖空间日趋萎缩

21世纪初以来，随着福建沿海地区经济建设的快速发展，临港、临海工业项目占用了大量浅海滩涂，湾内养殖空间日趋萎缩；城市的扩张致使城乡养殖池塘被大量征用；大量的工业废水和城市生活污水排入海中，使一些近岸海域受到严重污染，失去水产养殖功能。港口建设、临海工业、滨海旅游的发展，已影响到海水养殖业的生存和发展空间；一部分水产育苗场、养殖场的水域、土地被征用；非渔项目逐步蚕食滩涂养殖面积，浅海滩涂养殖面积继续缩减，养殖渔民"失海"现象逐渐严重。

目前，福建的13个主要海湾中有5个海湾（罗源湾、湄州湾、兴化湾、泉州湾、厦门湾）的养殖业已退出或将逐渐退出；一些港湾也需部分退出，如福州市港口和临海工业区等建设发展需要，罗源湾、长乐松下、福清江阴等部分海域、滩涂区域划为工业区，养殖业要退出传统生产区域；省道210线莆田市妈祖城段路堤工程已开工建设，填海面积达6 500亩。水产品市场需求与养殖用海资源不足的矛盾日益突出，因此福建海水养殖业急需拓展新的发展空间。

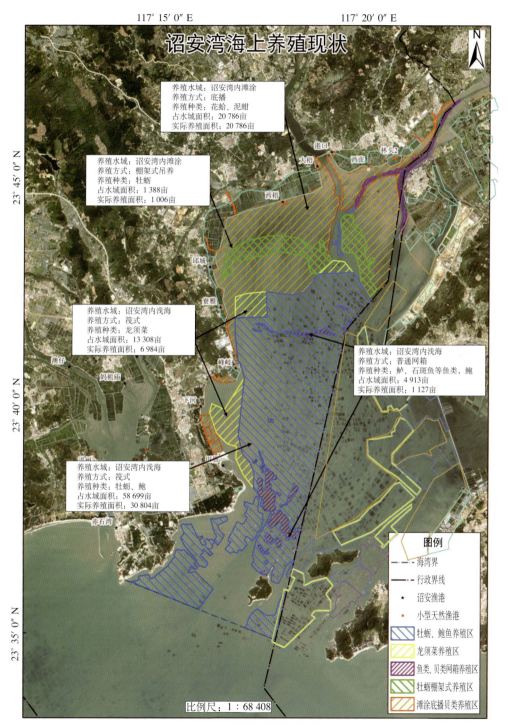

图 1-11 诏安湾养殖现状图

（二）养殖种类结构不合理，局部海域超负荷养殖

目前福建浅海滩涂养殖尚缺乏全面规划和有效管理，局部水域养殖面积和密度已超过环境承载能力，超负荷养殖十分突出，养殖对环境和自身的影响逐渐显露。目前海上鲍养殖基本采用传统成片连排的渔排筏架设置，布局不科学，水流通透性差，水交换率低，如连江海域鲍养殖；一些湾内牡蛎养殖无限制扩大养殖面积，造成局部海区饵料生物供应不足，加上养殖密度增大，海区流速减缓，降低了饵料的可得性，导致大片牡蛎处于饥饿状态，生长速度减慢，如诏安湾的牡蛎养殖。局部海域超负荷养殖，导致养殖环境不良，养殖生物极易发生大面积死亡。

养殖种类结构不合理，大部分养殖区呈现单种类养殖状态。一些港湾贝类养殖占比较大，鱼类、藻类和甲壳类占比较小，如诏安湾、大港湾；一些港湾鱼类养殖占比较大，如三沙湾。港湾单种类养殖量过大，不仅影响整个海湾养殖生态系统，而且导致风险集中，影响养殖产量和效益。

（三）养殖生产聚集湾内，湾外养殖空间有待开发

福建省海水养殖多聚集在港湾内，港湾内养殖量过大，不仅影响整个海湾养殖生态系统健康，而且导致风险集中，影响养殖产量和效益。因此，应逐步降低湾内养殖强度，有序向湾外转移，减少对沿海近岸生态环境的影响；同时，在湾外海域发展深水抗风浪网箱、底播养殖，开发具有抗风浪、抗流的延绳式养殖设施，推广健康、生态、高效的海水养殖模式。

（四）种质资源保护乏力，现代种业创新能力不强

福建省天然的水产种质资源丰富，分布极为广泛，但是受社会经济发展、生态环境破坏、过度捕捞等多种因素的综合影响，天然水域水产种质资源锐减。生产过程中无序的苗种交流污染了物种基因库，许多经济物种种质遗传背景和遗传结构混淆不清，近亲繁殖导致种质退化。

一直以来，福建省在水产原良种繁育专项扶持资金和原良种补贴方面投入较少，而对水产种质资源保护、人工选育设施建设的投入更是匮乏，使水产原良种场的规模与增养殖生产的发展需求和福建渔业大省的地位极不相称，难以满足现代水产种业发展的需要。虽然福建省已拥有数量众多的商业苗种场，但缺乏足够数量的水产良种场，同时尤其缺乏国家级（省级）遗传育种中心作为技术支撑。

（五）水产苗种繁育体系建设滞后，苗种生产、流通管理不规范

近年来，虽然福建水产苗种繁育体系有一定发展，但由于缺乏科学规划、

投入资金有限，水产原良种体系建设速度缓慢，良种选育和原良种的保种、提纯复壮研究滞后。许多育苗场因规模小、效益差而无力引种更新亲本，培育的苗种抗病力弱、品质下降，并直接导致养殖个体小型化、长成慢、出肉率低等经济性状衰退问题，严重影响养殖产量和质量。

福建水产育苗场多属个体或家族式企业，规模小、基础设施建设落后，育苗废水不经处理随意排放，污染海域环境；苗种采购、调运、出售未经有资质的检验检疫机构检测就直接进入养殖场。这些不规范操作都严重制约着海水养殖业的发展。

（六）养殖技术粗放，养殖病害频繁发生

目前福建的海水养殖业生产效率仍较低，且大都还采用传统的养殖方法和技术，养殖过程大量投饵、施肥及使用各类消毒剂、杀虫剂，养殖自身污染问题越来越突出，如海水鱼类网箱养殖所用的饲料大部分仍是冰鲜或冷冻小杂鱼，既破坏渔业资源，又严重污染养殖水域，导致养殖病害频繁发生。据估算，每年因病害造成的养殖产品损失达数亿元。

近年来，随着大黄鱼（*Larimichthys crocea*）网箱养殖规模的不断扩大，白点病暴发日益频繁。白点病病原是刺激隐核虫，一般发生在水流不畅、水域环境不好的海域，发病率较高、传染速度快、死亡率高。2019年宁德大黄鱼网箱养殖区暴发白点病，霞浦县、蕉城区、福鼎市等海域的网箱、渔排都受到袭击，霞浦的老鸦头、岱岐头，蕉城的胡屿、北斗都、来尾以及福鼎的沙埕内湾尤其严重，出现大面积死鱼。

（七）养殖产品质量有待提高

目前，国际、国内消费市场对水产品质量安全性都有很高的认知度和要求，而目前的养殖生产环境、产品质量标准、药残监控等方面与国际市场的要求尚有一定的距离。同时随着沿海经济快速发展和人口急剧增加，大量工业废水、生活污水、农业生产使用的农药和化肥及港口船舶排放的废油正成为影响养殖水域的外源污染源。水域污染问题日趋严重，水环境污染不仅直接危害海水养殖产品的生长，还直接影响产品质量。海水养殖的产品质量安全受到严峻挑战。

福建从事海水养殖的大部分为个体养殖户，生产经营主体小而分散，组织化程度低，部分养殖户文化程度低、法律意识不强，存在滥用渔药、不严格执行休药期规定等行为。根据相关法律规定，渔药、饲料等投入品的生产、销售及使用都有相应的监管部门，但实践中渔业投入品管理不规范，投入品的质量安全及科学使用是当前水产品质量安全监管的难点，且存在安全隐患。另外，

基层水产品质量安全检测能力薄弱，县和乡镇监管机构基本不具备实验室检测能力，监测手段主要是快速检测，而快检只做定性分析，无法进行定量分析，存在着"检不了、检不出、检不准"等问题。

（八）养殖生产组织化程度低，产业竞争力弱

目前福建海水养殖还处于分散经营的格局，大部分为个体经营，规模小，抗风险能力低，竞争力弱；同时，品牌创建和培育意识不强，水产养殖品牌企业和名牌产品少，在国内外缺少影响力和知名度，如福建的海带、紫菜、牡蛎等许多海水养殖种类产量虽居全国首位，但与其地位不相匹配的是，其效益与质量均有待进一步提高。零散、小规模、竞争力弱、组织化程度低、没有品牌等是福建海水养殖产业的共性，这种以养殖户为主的经营体制已难以适应市场经济发展的要求。

（九）养殖设施研发滞后，养殖过程机械化和自动化程度亟待提高

福建省海水养殖过程包括投苗、投饵、采捕等仍大都依赖人工操作，机械化、自动化程度低。以浅海延绳养殖为例，鲍笼、牡蛎串和海带绳的提拉依然依靠人工操作，劳动强度高，安全隐患大。

随着海水养殖产业的发展，养殖生产方式和生产过程的机械化和自动化需求日益凸显。在池塘养殖生产方面，应重视机械化设备研发，包括新型养殖设备和机械化作业设备，实现养殖鱼类、贝类起捕、分级的机械化，建立移动式养殖生产作业平台；在浅海、滩涂养殖方面，开发采收、清洗、分级、加工全产业链成套机械化装备，重点提高牡蛎、蛤、海带、龙须菜、紫菜等主要养殖种类的机械化作业程度，构建养殖全程机械化生产模式；在网箱养殖方面，研制安全、自动化和高性能的深水网箱养殖设施，引导普通网箱升级改造，建立海上高效集约式设施养殖技术体系。

🡢 参考文献

鲍学宇，2019.霞浦县刺参产业现状及可持续发展对策研究[D].大连：大连海洋大学.

陈百尧，唐兴本，2008.条斑紫菜全浮动筏式养殖技术[J].科学养鱼(4):44.

陈洪清，2020.乡村振兴背景下福建闽东海水养殖业绿色发展与对策研究[J].河北渔业(4):53-57.

陈燕婷，王松发，陈何东，等，2019.福建河鲀产业发展形势分析[J].中国水产(1):63-66.

胡荣炊，蔡珠金，周宸，等，2019.福建海参产业发展形势分析[J].中国水产(1):57-59.

黄洪龙，林位琅，康建平，等，2019. 福建鲍几种养殖模式浅析 [J]. 渔业研究，41 (4): 346-352.

李成军，雷帅，2016. 刺参吊笼养殖技术 [J]. 现代农业 (8) :13.

李琦，李纯厚，颉晓勇，等，2011. 对虾高位池循环水养殖系统对水质调控效果的研究 [J]. 农业环境科学学报 (12): 2579-2585.

林丹，孙敏秋，张克烽，等，2019. 福建牡蛎产业发展形势分析 [J]. 中国水产 (3): 53-57.

林楠，元丽花，吴斌，等，2019. 福建对虾产业发展形势分析 [J]. 中国水产 (2): 46-50.

林位琅，黄洪龙，陈洪清，等，2018. 福建鲍产业发展形势分析[J]. 中国水产 (12): 83-86.

刘纪皎，2020. 海州湾单体三倍体牡蛎养殖技术浅析 [J]. 水产养殖，41 (2): 47-48.

刘燕飞，宋武林，陈梅芳，等，2019. 福建紫菜产业发展形势分析 [J]. 中国水产 (5): 38-42.

宁岳，曾志南，苏碰皮，等，2011. 福建海水养殖业现状、存在问题与发展对策[J]. 福建水产，33 (3) :31-36.

农业部渔业局，2011. 2011 中国渔业统计年鉴 [M]. 北京：中国农业出版社.

农业部渔业局，2012. 2012 中国渔业统计年鉴 [M]. 北京：中国农业出版社.

农业部渔业局，2013. 2013 中国渔业统计年鉴 [M]. 北京：中国农业出版社.

农业部渔业渔政管理局，2014. 2014 中国渔业统计年鉴 [M]. 北京：中国农业出版.

农业部渔业渔政管理局，2015. 2015 中国渔业统计年鉴 [M]. 北京：中国农业出版社.

农业部渔业渔政管理局，2016. 2016 中国渔业统计年鉴 [M]. 北京：中国农业出版社.

农业部渔业渔政管理局，2017. 2017 中国渔业统计年鉴 [M]. 北京：中国农业出版社.

农业农村部渔业渔政管理局，全国水产技术推广总站，中国水产学会，2018. 2018 中国渔业统计年鉴 [M]. 北京：中国农业出版社.

农业农村部渔业渔政管理局，全国水产技术推广总站，中国水产学会，2019. 2019 中国渔业统计年鉴 [M]. 北京：中国农业出版社.

农业农村部渔业渔政管理局，全国水产技术推广总站，中国水产学会，2020. 2020 中国渔业统计年鉴 [M]. 北京：中国农业出版社.

欧洪来，2018. 浅海牡蛎筏式养殖技术 [J]. 江西水产科技 (4) :33-35.

王凡，廖碧钗，孙敏秋，等，2019. 福建大黄鱼产业发展形势分析 [J]. 中国水产 (3): 45-49.

王峰，雷霁霖，高淳仁，等，2013. 国内外工厂化循环水养殖模式水质处理研究进展 [J]. 中国工程科学 (10): 16-23.

王如才，王昭萍，2008. 海水贝类养殖学 [M]. 青岛：中国海洋大学出版社.

王向阳，2006. 南美白对虾养殖中后期水质管理技术 [J]. 中国水产 (6): 48.

翁国新，2006. 菲律宾蛤仔大水面人工育苗技术 [J]. 福建水产，28 (4): 85-88.

翁祖桐，2018. 福建海带产业发展形势分析 [J]. 中国水产 (12): 75-78.

巫旗生，曾志南，宁岳，等，2015.葡萄牙牡蛎工厂化人工育苗技术[J].福建水产，37
 (5): 399-405.

吴斌，李苗苗，林国清，等，2019.福建石斑鱼产业发展形势分析[J].中国水产 (2): 34-37.

肖友翔，巫旗生，祁剑飞，等，2020.菲律宾蛤仔垦区三联人工育苗技术 [J] .应用海
 洋学学报，39 (2): 266-272.

徐立新，2018.菊花江蓠浮筏式养殖技术[J].科学养鱼 (2): 47-48.

许智海，2020.绿盘鲍海上筏式健康养殖技术[J].中国水产 (5):69-71.

叶翚，钟传明，池宝兴，2019.福建鳗鲡产业发展形势分析[J].中国水产 (4): 56-61.

臧维玲，戴习林，徐嘉波，等，2008.室内凡纳滨对虾工厂化养殖循环水调控技术与模
 式[J].水产学报 (5): 749-757.

曾志南，宁岳，2011.福建牡蛎养殖业的现状、问题与对策[J].海洋科学，35 (9) :112-118.

周文博，石建高，余雯雯，等，2018.中国海水围网养殖的现状与发展趋势探析[J].渔
 业信息与战略，33 (4): 259-266.

主要执笔人

曾志南　福建省水产研究所　研究员
巫旗生　福建省水产研究所　助理研究员
祁剑飞　福建省水产研究所　助理研究员

第二章　海湾养殖结构调整与新发展模式

　　早在1958年，《红旗》杂志上就提出了"养捕之争"，当时的国家领导人已经认识到水产养殖是解决海洋食物可持续供给的重要途径。为了解决水产品短缺与供给不足，水产养殖在政府扶持下发展迅猛，逐渐取代海洋捕捞成为我国最重要的水产品生产方式。1985年，中共中央、国务院发出《关于放宽政策、加速发展水产业的指示》（中发〔1985〕5号），确立了"以养殖为主"的渔业发展方针，确定了渔业发展的主攻方向，并于1986年写入《中华人民共和国渔业法》（以下简称《渔业法》）。1989年，水产品产量突破1 300万吨，跃居世界首位。1999年，农业部开始实行海洋捕捞产量"零增长"的目标，并在渤海、黄海、东海和南海四个海域实施伏季休渔制度，水产养殖成为休渔期间渔民转产转业、提高收入的重要出路。

　　我国水产养殖对世界渔业发展作出了重要贡献。"十三五"以来，在面临传统渔业资源衰退、养殖业转型难、渔业环境污染严重、渔民生计受到威胁等严峻问题的背景下，我国大力推进渔业供给侧结构性改革、加快渔业转方式调结构、促进渔业转型升级，取得了举世瞩目的成就。联合国粮食及农业组织高度赞扬了中国对世界海洋渔业与水产养殖业可持续发展的贡献，在其2019年发布的 *The State of World Fisheries and Aquaculture* 中明确指出，"十三五"期间，中国摒弃了过往过度强调增长率的旧模式，通过提升水产品质量、调整产业结构，建立了可持续性与市场导向性更强的新模式。

　　当前，我国社会经济进入了一个新发展阶段，在"十四五"规划中，明确提出了"坚持陆海统筹、人海和谐、合作共赢，协同推进海洋生态保护、海洋经济发展和海洋权益维护，加快建设海洋强国"的重大战略目标。福建省作为海洋大省，应紧跟形势，解决新时期主要社会需求和渔业发展的主要矛盾，加快由海洋大省迈向海洋强省。因此，科学规划和调整福建省海湾养殖结构和模式具有十分重要的现实意义和战略意义。

一、实施海湾养殖结构调整与新发展模式的战略意义

（一）推动养殖业绿色发展，落实生态文明建设战略布局

党的十八大从新的历史起点出发，做出"大力推进生态文明建设"的重大战略决策，将生态文明建设纳入中国特色社会主义事业"五位一体"的总体布局。2013年，国务院专题研究海洋渔业发展战略问题，印发《关于促进海洋渔业持续健康发展的若干意见》（国发〔2013〕11号），深化渔业改革创新，加快转变渔业发展方式，开启了我国由渔业大国向现代渔业强国迈进的绿色发展新征程。2016年，《国民经济和社会发展第十三个五年规划纲要》为渔业发展转型升级提供了契机。同年，全国渔业渔政工作会议首次提出"提质减量"和"绿色发展"，印发《关于加快推进渔业转方式调结构的指导意见》（农渔发〔2016〕1号），持续推进中国特色渔业现代化绿色发展。

（二）提高百姓营养健康水平，维护社会和谐稳定

福建省海水养殖种类繁多，涵盖鱼类、贝类、藻类、甲壳类等，这些海产品富含优质蛋白、不饱和脂肪酸及其他人体必需的营养元素。走海水养殖绿色发展的道路，将增加更多的优质动物蛋白供应，不断满足人民群众的营养健康需求，提高全民健康水平。2019年统计数据表明，福建省海洋渔业专业从业人员45.6万人，其中捕捞专业从业人员16.8万人，养殖专业从业人员22.5万人。海水养殖业的绿色发展可以缓解海洋渔业资源紧张局面，拓宽渔民就业渠道，增加广大从业者收入，增强人民群众的幸福感和安全感，维护社会和谐稳定。

（三）实现海水养殖活动与生态环境保护协同发展，助推海洋生态文明建设

党的十九大以来，绿色发展被摆在生态文明建设全局的突出位置。福建省2019年海水养殖产值820.44亿元，占渔业一产产值的58%，是海洋经济非常重要的组成部分。水产养殖绿色发展是当前转型发展的重要方式，是实现渔业可持续发展的必然选择。2019年，农业农村部、生态环境部等十部委联合印发《关于加快推进水产养殖业绿色发展的若干意见》（农渔发〔2019〕1号），强调转变养殖方式，发展生态健康养殖，明确提出实施配合饲料替代冰鲜幼杂鱼行动，严格限制冰鲜杂鱼等直接投喂。这是新中国成立以来第一个经国务院同意，指导我国水产养殖业绿色发展的纲领性文件。2020年，《全国重要生态系统保护和修复重大工程总体规划（2021—2035年）》提出在海岸带生态保护

和修复重大工程中，推进"蓝色海湾"整治，开展河口海湾生态修复，促进近岸局部海域海洋水动力条件恢复。海水养殖业绿色发展，有助于解决海水养殖产业发展中存在的一系列不平衡、不协调、不可持续问题，在取得更高经济、社会、生态效益的基础上，实现养殖活动与生态环境保护的协调与平衡，助推海洋生态文明建设。

二、海湾养殖结构与养殖模式现状

（一）海湾生态系统的资源禀赋

福建省沿海有大小港湾125个，其中主要海湾有沙埕港、三沙湾、罗源湾、闽江口、福清湾、兴化湾、湄洲湾、泉州湾、深沪湾、厦门湾、旧镇湾、东山湾、诏安湾和海坛湾共14个。海湾生态系统具有生物多样性保护、渔业资源增殖及生物产卵、育幼与索饵等生物养护功能，大型水生植物和鱼类、甲壳类、软体动物等多个门类生物资源的关键阶段（产卵、育幼等）乃至全生活史都离不开海湾生态系统。分布于福建省各海湾的重要经济种类有缢蛏、泥蚶、牡蛎、菲律宾蛤仔、大黄鱼、鲻、日本鳗鲡、鲻、花鲈、大弹涂鱼、真鲷、黄鳍鲷、灰鲷、双斑东方鲀、长毛对虾、龙虾、青蟹、三疣梭子蟹和曼氏无针乌贼等；地方特色经济种有尖刀蛏、西施舌、丽文蛤、巴菲蛤、等边浅蛤、翡翠贻贝、栉江珧、杂色鲍、方斑东风螺、四角蛤蜊和坛紫菜等。目前福建省内的海洋保护区绝大多数依托海湾生态系统建立，例如位于泉州深沪湾的海底古森林遗迹自然保护区、位于厦门湾口的厦门珍稀海洋物种自然保护区、位于宁德三沙湾的官井洋大黄鱼繁殖保护区、位于漳州东山湾的珊瑚自然保护区等。

福建省的海湾水深港阔，口外有岛屿屏障，多为半岛或岬角环抱，在承载重要的生物养护功能的同时，还是从事海洋经济开发、资源开发利用与保护以及科学研究和社会旅游休闲等各种人类活动的集中地。从海域功能区划上看，其主要功能区划包括农渔业用海、港口航运、工业与城镇用海、海洋保护、旅游休闲娱乐、矿产与能源开发等。福建省海湾大多暴露在较高强度的人类活动干扰下，使得海湾生态系统的整体与局部环境乃至生态功能发生不同程度的退化。

（二）海湾养殖的主要特点

福建省是我国最重要的水产养殖大省之一，近十年海水养殖产量、产值均呈逐年增长趋势，对我国渔业发展作出了重要贡献，其海湾养殖的主要特点如下：

1.养殖产量高，产值高，对福建省农业起支撑作用

2019年福建省海水养殖产量510.72万吨，海水养殖产量居全国第一，占全国的24.73%，而对应养殖面积163 713公顷，仅占全国的8.22%。福建省的51个渔业乡皆为海洋渔业乡；海洋渔业村561个，占福建省渔业村的95%以上；海洋渔业相关从业人员超过72万人，海洋渔业与养殖业产值占全省农业总产值的31.2%；主要养殖种类多为高附加值农业产品，在福建省农业中起支撑作用。

2.养殖种类多，模式多，大都集中于海湾

在养殖种类方面，鱼类养殖产量429 386吨，占全国鱼类养殖产量的26.74%，位居全国第二，主要养殖种类为大黄鱼、石斑鱼、眼斑拟石首鱼、河鲀、花鲈和鲷科鱼类等，以大黄鱼最具代表性，产量达到186 515吨，占全国总产量82.69%；甲壳类养殖产量212 338吨，占全国甲壳类养殖产量的12.18%，位居全国第三；贝类养殖产量3 237 735吨，占全国贝类养殖产量的22.5%，位居全国第二，主要养殖种类为福建牡蛎、鲍、菲律宾蛤仔、波纹巴非蛤，其中以牡蛎最具代表性，产量达到2 012 589吨，占全国牡蛎总产量的38.51%；藻类产量1 187 581吨，占全国藻类产量的46.78%，主要养殖种类为紫菜、海带和江蓠，产量分别为80 758吨、803 131吨和244 294吨，分别占全国总产量的38.02%、49.45%和70.18%，三者产量皆为全国第一。

福建省浅海养殖主要集中在海湾水域，养殖模式包括网箱养殖、筏式养殖、吊笼养殖和底播养殖。福建省海水网箱养殖起始于20世纪80年代，2019年福建省海水普通网箱养殖面积1 468.28万米^2，产量28.31万吨（全国55.03万吨），相较于2018年的4 336.88万米^{2}和30.12万吨，普通网箱生产面积及养殖产量分别减少66%和6%。2019年福建省深水网箱养殖体积110.72万米^3，产量6.04万吨（全国20.52万吨），相较于2018年的51.77万米^{3}和1.28万吨，深水网箱生产体积及养殖产量增长分别达到114%和373%。筏式养殖始于20世纪60年代，2019年福建省筏式养殖面积44 062公顷（全国第四）养殖产量1 524 792吨（全国第二，占24.69%）。吊笼养殖面积6 392公顷，仅占全国吊笼养殖面积的4.5%，养殖产量129 147吨，占10.01%。

海水池塘养殖面积呈现出先增后减的趋势，2015年养殖面积最大，为31 547公顷，2019年降至21 895公顷。海水池塘养殖产量从2009年的175 456吨，增长到2017年的344 149吨，但随着养殖面积的减少，2019年降至296 718吨，占全国的10.15%。福建省池塘养殖主要采用鱼、虾、蟹、贝混养，其中虾蟹类有斑节对虾、日本对虾、长毛对虾、凡纳滨对虾、锯缘青蟹和梭子蟹；鱼类有黄鳍鲷、鲻、河鲀、海鳗等；贝类有菲律宾蛤仔和缢蛏等。这种池塘混养模式，极大提高了养殖产量及经济效益。池塘养殖产量约占全省海水养殖产量的30%。近年来，福建省大力实施标准化池塘改造工程，目前已完成25万亩标准化池塘的改建，改善了池塘养殖生产条件。

3.现代水产种业颇具规模

"养殖发展、良种先行"，建设完善的水产种业体系是现代渔业发展的重中之重。近几年，福建省海水育苗由传统的"两藻四贝"发展到70多个种类，一批特色优势种类都达到产业化、规模化水平，领先全国。据不完全统计，全省黑鲍和杂交鲍等多种鲍在春季出苗60多亿粒，宁德市大黄鱼春季育苗量超过20亿尾，漳州市石斑鱼育苗2 000多万尾、双斑东方鲀和菊黄东方鲀育苗1 500万尾。与之相应的水产种业体系更加完善，已建立优势主导种类的种业基地100多家、苗种场2 300多家，形成"产学研相结合、育繁推一体化"的渔业种业体系。涉及水产种业的企业更加壮大，形成连江官坞、霞浦一嘉、宁德官井洋、宁德富发等一批区域化、规模化、专业化的渔业种业龙头企业。水产种业管理也更加规范，严格实施各项制度，并制定福建省水产苗种场认定管理办法和水产苗种生产管理工作实施方案，有效规范了渔业种业的进一步发展。

4.封闭式循环水养殖比肩世界先进水平

封闭式循环水养殖是当前发达国家推崇的先进养殖模式，与传统池塘养殖相比，单位养殖产品可节约90%～99%的水和95%～99%的土地，具有节水、节能、节地、生态、安全、高效等特点。近年来，诏安泉盈、厦门新颖佳、福清宏峰泰、连江南国风、霞浦万丰、霞浦钦龙等养殖企业，引进澳大利亚、德国、日本等国家养殖技术和设备，经过自主创新和消化再创新，快速推进封闭式循环水养殖，一跃成为全国领先，比肩国际先进水平。

三、海湾养殖结构调整与新发展模式的典型案例

（一）基于养殖容量的多营养层次综合养殖

我国海湾养殖面临的桎梏之一是传统的单一物种生产模式，这种生产模式一旦出现病虫害，很难得到有效控制，因此，近年来以多营养层次综合养殖（integrated multi-trophic aquaculture，IMTA）为代表的生态化养殖模式成为解决该问题的有效手段。IMTA是近年提出的一种健康的可持续发展的海水养殖模式，由不同营养级生物（例如，投饵类养殖动物、滤食性贝类、大型藻类和

碎屑食性动物等）组成的综合养殖系统中，一些生物排泄到水体中的废物成为另一些生物的营养物质来源，这种方式能充分利用输入养殖系统的营养物质和能量，可以把营养损耗及潜在的经济损耗降低到最低，从而使系统具有较高的容纳量和可持续食物产出（唐启升等，2013）。因此，IMTA模式是未来海湾生态养殖的重要发展方向之一（Barrington，2009）。

基于IMTA技术，国内外诸多水域通过调整和优化养殖结构，进行异养型养殖与自养型养殖的混养、套养，已经取得了良好的效果。骆其君等（2009）通过研究坛紫菜和彩虹明樱蛤的混养，发现大型海藻坛紫菜能够以亚硝氮为氮源合成自身有机物，同时起到净化养殖水体、增加环境贝类容量的作用。Neori等（2004）通过对鱼和石莼进行混养试验，发现石莼不仅能够吸收水体的营养盐，还能通过光合作用提供鱼类呼吸作用所需的溶解氧，促进养殖鱼类的生长，增加水产养殖的收获量。张鹏等（2011）进行鱼类、贝类、藻类混养研究，将条石鲷、文蛤以及龙须菜进行混养，发现鱼贝藻混养模式具有较高的生态效益和经济效益。山东荣成桑沟湾实施的藻-贝-参多营养层次综合养殖结果表明，海带-鲍-海参综合养殖模式所提供的价值远高于鲍单养和海带单养，如食物供给功能服务价值比分别为9.83∶1和2.06∶1，气候调节功能服务价值比分别为2.85∶1和1.68∶1。在陆基养殖中，鱼-虾-水生植物的模式近年来备受推崇，在对虾养殖中，利用混养鱼类淘汰病虾、水生植物栽培调控水质，有效降低了池塘养殖中的病害风险，还提高了对虾养殖的经济效益。董贯仓等（2007）进行虾贝藻混养研究，发现凡纳滨对虾、青蛤和菊花心江蓠混养效果均优于其单养效果，并且发现混养系统光能在水平方向得到了充分利用，有机物质的能量得到了充分的利用，减少了沉积浪费，提高了转化率。

合理规模的贝类、藻类养殖既有助于净化水质、减缓水域生态系统的富营养化进程，还具有显著的碳汇等生态功能。海藻在生长过程中能通过光合作用吸收和固定水体的CO_2、N、P等生源要素，积累有机物质，同时释放O_2增加水体的溶解氧。海洋通过对CO_2的溶解作用，对全球性大气CO_2浓度的降低起着重要的作用。大型海藻通过对C的移除作用，有利于CO_2平衡从大气向海水转移（黄通谋等，2010）。研究表明，在大型海藻栽培海域，海洋碳汇的强度明显增加，大型海藻栽培被认为是增加海洋碳汇的技术措施之一（宋金明，2004）。大型海藻的生命周期长、生长快、产量高，通过海藻固定作用将营养物质由水域向陆地转移，可大大降低水体有机物和营养盐含量（江志兵等，2006）。当水体中N、P浓度较高时，大型海藻能够通过较强的营养盐吸收能力以及释放相关的化感物质，减少或杀死水体中浮游微藻，有效防止水体富营养化现象（Smith et al.，1988；Fong et al.，1993）。同时，海藻栽培能够提高生境的空间复杂性，提高海域初级生产力的水平、稳定性以及对幼鱼的庇护功能（Wells，2010）。在海藻养殖浮筏上还可对贝类等滤食类生物进行吊养，充分利用生境，提高生产力水平。

当前，贝类、大型藻类是福建省海水养殖主要种类，合计占福建省海水养殖产量的86.6%。但福建省内IMTA与混养模式还较少，主要是贝藻混养。未来在养殖海湾中，可构建虾藻混养、鱼藻混养、鱼虾贝藻等多元混养的复合模式，有利于对水体营养物质的及时利用，提高水质净化效果，降低海湾水体营养负荷。

在海湾养殖结构调整中，养殖海湾的生态容纳量及养殖方式是影响养殖效果的重要因素。生态容纳量是一个动态变化的过程，不同养殖方式的季节性变动和海湾生态环境的变化是生态容纳量的重要调控因子，但当前生态容纳量的计算多依赖静态模型和现场实测。在调整海湾养殖结构前，有必要对养殖海湾的生态容纳量进行研究。养殖目标种的营养物、饵料是否充足对海水养殖绿色发展至关重要。早在2004年福建省就在国内率先完成了对全省性主要港湾水产养殖容纳量的初步研究，也是我国有史以来较系统、较全面的海洋水产养殖容量的调查研究。该研究历时近4年，调查项目涉及15个港湾135个站点的初级生产力、浮游植物、底栖生物以及环境质量等方面近40个要素（指标），其中对悬浮有机物及颗粒有机碳、有机氮含量的系统调查，以及对东吾洋、诏安湾海流和海水半交换期的调查，在福建省浅海滩涂资源和海洋调查中均为首次进行。利用水质综合评价指数、浮游植物和底栖生物的生态指数评价了15个港湾的环境质量，并以此开展了贝类、藻类养殖容量评估。由此可见，福建省开展基于海湾生态容纳量的多营养层次综合养殖具有很好的基础条件。

（二）宁德市三沙湾海上养殖综合整治

三沙湾位于福建省东北部宁德市辖区内，东北侧近邻福宁湾，西南侧与罗源湾相邻，为罗源半岛和东冲半岛所环抱，仅在东南方向有1个狭口东冲口与东海相通，口门宽约2.6千米，最大水深为104米，是个近封闭型的海湾。湾内四周群山环绕，海岸主要由基岩、台地和人工岸段组成，岸线总长度约450千米，总面积为714千米^2。其中，滩涂面积308千米^2，主要用于贝类和虾类养殖；海域水面406千米^2，目前有养殖鱼类网箱30多万口，是大黄鱼养殖主产区。海水养殖的种类有鱼类、虾类、蟹类、贝类、藻类。其中，鱼类养殖以大黄鱼为主，占鱼类总产量的72.3%；贝类养殖以缢蛏、泥蚶和牡蛎为主；虾类养殖的主要种类为凡纳滨对虾，其他种类包括刀额新对虾、日本对虾等；藻类养殖以海带为主，占藻类总产量的73%以上，其他种类为江蓠和紫菜。

近年来，由于水产养殖业的大规模扩张，大量的养殖残饵进入海中，湾内水体富营养化以及底层淤积严重，已成为制约三沙湾养殖发展的重要因素之一（韦章良等，2016）。Xie（2020）对海域悬浮颗粒物（SPOM）的稳定同位素研究发现，海域大面积的网箱养殖对周边水域SPOM的稳定同位素值影响显著，且随着养殖活动的生产规律呈现明显季度性及渐变特征，网箱养殖活动会影响海湾的营养盐循环，较高的稳定同位素值也意味着以鲜杂鱼饵料投喂为主的养殖业态对野生资源，尤其是饵料鱼的巨大需求及其带来的高捕捞强度等负面效应。基于Ecopath模型的研究表明，三沙湾的游泳动物等较高营养级的功能群的营养转换效率较高，而处于较低营养级的底栖动物、浮游动物、浮游植物、碎屑等功能群的生态营养效率则比较低，表明生态系统中有大部分的物质与能量在低营养级中滞留而未能向较高营养级传递，具有通过食物网调控加以提升的巨大潜力（翁燕霞，2018）。值得注意的是，过往三沙湾内的传统养殖设施抗风浪能力差、易损毁，导致大量的海漂垃圾长期堆积，对海洋生态环境和自然景观造成严重影响。同时，2017年开始的第一轮中央生态环境保护督察指出，三沙湾规划养殖面积1.32万公顷，实际养殖面积1.65万公顷，禁养区仍有348公顷网箱养殖和5 010公顷藻类养殖没有清退。

为解决三沙湾无序养殖问题，宁德市自2018年起开展了为期两年的海上养殖综合整治，力促养殖渔业转型升级。目前已完成了三沙湾海水养殖结构的初步整改，整改内容包括：禁养区内海上养殖全部清退，累计清退禁养区渔排16万口、贝藻类2.4万亩；养殖区和限养区科学规划，合理布局44.4万口渔排养殖全面升级改造为塑胶渔排或深水网箱，47.5万亩藻类养殖全面升级使用塑胶浮球；三沙湾海上养殖饵料交易市场有序整治、规范管理；海上垃圾及时收集、处理，渔排养殖生活污水达标排放，近岸海域水质优良比例达到要求；力拓外海养殖，采用多种形式研发和制造或引进先进的深远海养殖平台，提升硬件设施水平，开工建设湾外深远海单柱半潜式深海渔场项目1个，有效推进渔业健康可持续发展（图2-1）。

（三）大黄鱼养殖新发展模式

大黄鱼原为我国东海四大海产之首，20世纪70年代前，每年捕捞量约12万吨，后因酷渔滥捕而资源枯竭。20世纪80年代中期，在福建省水产科技人员的努力下，解决了大黄鱼人工育苗、养殖等一系列技术难题。20世纪90年代中期，大黄鱼养殖产业在福建省快速发展起来，多年来一直保持上升趋势。2019年福建省大黄鱼产量达16.4万吨，形成了集育苗、养殖、加工、销售于一体的完整产业链。大黄鱼已成为我国最大规模海水养殖鱼类和八大优势出口

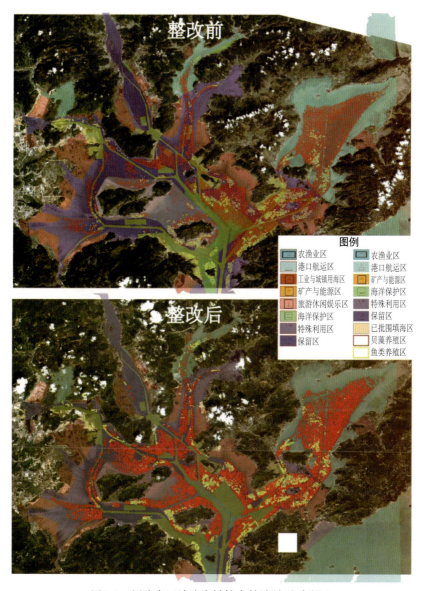

图2-1 福建省三沙湾海域综合整治前后对比图

水产品之一，大黄鱼产业也成了福建省水产的支柱产业之一。目前大黄鱼养殖主要集中在宁德市，占全国产量的80%以上，是福建最具特色的优势水产养殖种类。针对我国近岸特别是福建省传统网箱养殖存在的抵御自然灾害能力差、水域污染严重、鱼类品质和养殖效益日趋下降等问题，相关科技人员探讨了福建省大黄鱼养殖新发展模式，主要有塑胶大型网箱养殖模式、浅海围网养殖模式和湾外大型深水网箱养殖模式。这些新发展模式的养殖产量逐年升高，养殖效益甚高，生态效益和环境效益显著。

1.塑胶大型网箱养殖模式

我国现有传统木制小网箱近百万口，主要分布在山东、浙江、福建、广东、广西和海南等省份。小网箱是以木材加泡沫浮球建造的，因抗风浪能力差，形成了大量海漂垃圾，破碎木材和泡沫浮球碎片已对海洋环境造成严重的白色污染，传统网箱养殖业正面临着转型升级的紧迫性。

福建省于20世纪90年代末在全国率先开展深水抗风浪网箱研发，将传统小网箱以塑胶材料改大（1 000 米^2）、改深（12 米），养殖水体扩大数百倍，水流通畅，鱼活动空间大。近年的改进措施为在塑胶网箱外再套一口大网箱，内网养大黄鱼，外网养黑鲷等可清洁网衣、吃食残饵的鱼类，有效地改善了养殖环境。塑胶网箱养殖模式下不仅水面单产增长数倍，而且所养殖的鱼类体形体色美观、肉质风味明显改善。养殖产品单价120 ～ 160元/千克，是传统养殖产品的3 ～ 4倍，总体效益提高4 ～ 5倍。多年的实践表明，塑胶渔排养殖网箱具有抗击浪高5米、潮流速度3节、风速35米/秒的能力，尤其适宜于大黄鱼新生产模式。

2.浅海围网养殖模式

粗放型小网箱养殖模式活动空间小，导致大黄鱼种质退化、品质降低以及养殖环境局部恶化，严重影响了大黄鱼养殖业的持续发展。

2013年以来，宁德大黄鱼主产区的科技人员开展了技术创新，探讨创建生态健康、环境友好、资源养护的浅海围网养殖新生产模式的研究与实践。在近岸或岛屿周围的开阔、平坦海域，将12米长筒竹或玻璃钢管（直径5 ～ 8厘米）插入海底1.5 ～ 2米，两毛竹筒相隔1 ～ 2米，以尼龙绳捆绑固定围筑成高10米、面积约3 000米^{2}的围网箱体养殖大黄鱼。实践表明，围网养殖具有成本低、成活率高、价格高的优点，一口3 000米^{2}围网相当于200口小网箱，日常管理仅需1人，而同样产量规模的小网箱则需4 ～ 5人，节省了管理成本；围网养殖利用了海区的杂鱼虾，饲料成本比普通网箱降低20%以上；病害少，一般不用药，大大提高商品鱼的安全质量。围网养殖大黄鱼由于体形、体色、肉质接近野生大黄鱼，产品鱼单价300 ～ 400元/千克，是普通网箱养殖效益的7 ～ 10倍。围网养殖大黄鱼新模式，不仅提高了产品质量和价值，更是分层次利用海域，有效降低了海水养殖对环境的影响，达到经济效益、社会效益与生态效益兼得。

经过几年来的实践与完善，如今的围网已从宁德的霞浦和蕉城推广到浙江的温州和台州，围网桩柱由长筒竹、玻璃钢管发展成钢筋水泥筒桩，网衣由聚乙烯网片到铜质网片，单个围网由 3 000 米^2 发展到 1.2 万米^2，乃至筑坝港汉拦套围网 43 公顷的养殖场（浙江洞头白龙屿）。

3.湾外大型深水网箱养殖模式

据悉，三沙湾内密布的鱼类、虾类、贝类和藻类养殖，似有超负荷之势。而在湾外 10 ～ 20 米等深线的海域，传统的渔排无法抵御大浪急流的侵袭，养殖操作困难，加之投资大，据估计湾外海域开发利用率仅约为 1%。

近年来，针对大黄鱼内湾养殖受容量限制、投喂冰鲜杂鱼带来的海洋生物资源浪费和环境污染及养殖病害频发等一系列问题，宁德市水产科技人员探索了"湾外大黄鱼抗风浪网箱养殖技术示范"。选择有岛礁阻挡而流缓的海区设置大网箱；在潮流偏大的海区，以浮筏体、阻尼消波网墙、碎波墙及锚泊系统等构建浮筏式消波堤，或设置多个网箱形成群体布局，以相互挡流。目前在霞浦的浮鹰岛和福鼎的嵛山岛已经应用大型网箱（直径20米、87口）和港汉栏网（36公顷）养殖大黄鱼，年产量超 5 000 吨。由于养殖的产品体形与体色、肉质与风味俱佳，销售价为 200 ～ 300 元 / 千克，经济效益显著。

但由于湾外增养殖开发是一种高投入、高风险、高产出的产业，在这样的海域开发鱼类养殖，面临着诸多技术问题，如流急浪大境况下的饲料选择与投喂、病害防控及养殖鱼的收获等等，还未得到真正的解决。

四、海湾养殖结构调整与新发展模式面临的主要问题

"十四五"期间，福建省沿海地区将成为全国沿海重要的经济增长极。福建省海洋开发、保护和管理既面临快速发展的机遇，又面临新的、更大的挑战。自20世纪60年代起，人类对海湾生态系统的开发利用程度不断加深，包括大范围的网箱养殖、过度的渔业捕捞、大规模的围填造地等，导致海湾生态系统出现生境碎片化、水体富营养化、渔业资源衰退、外来物种入侵以及生物多样性下降等严峻问题，生态系统的结构和功能发生了改变（焦念志，2001），将严重制约沿海社会经济的可持续发展。

（一）发展海洋经济压力增大，各行业用海需求、海湾资源和环境保护压力加大

国际上多变的经济和政治形势对福建省海洋经济发展形成压力，两岸交流合作的广泛拓展和沿海省市经济发展中的激烈竞争给福建省海洋经济发展带来

挑战。福建省既要加快海洋经济发展速度，做大做强，提升贡献，又要抓紧转变经济发展方式，促进产业结构调整升级，提升海洋经济建设的质量。当前，福建省将重点建设以沿海主要港口为核心的海峡西岸现代化综合交通网络，对接台湾产业，建设东部沿海地区先进制造业基地，主要产业将进一步向沿海地区集聚，工业和城镇用海需求增加，临海产业的迅速发展将增加主要海湾的入海污染物控制的压力，工业和城镇用海规模的扩展将加剧对主要海湾的环境影响。海岸线、海岛、海湾和河口生态系统遭受破坏的现象依然严重，受损的海洋环境和海洋生态体系亟待整治和修复。

近年来，福建省近岸海域水质呈稳中向好态势，第一、二类海水水质面积有所增加，劣四类海水水质面积明显减少，然而在个别养殖面积、密度较大的海湾水域，养殖环境问题仍比较突出。其中，三沙湾、闽江口和厦门湾海域水质有所下降，主要表现为水体富营养化（表2-1）。集中的养殖投饵伴随着高密度的鱼类养殖，极易造成赤潮等环境与生态灾害。海湾养殖还对一些近海典型生境的保护构成威胁，例如深沪湾部分非法海蛎养殖场对海底古森林遗迹国家级自然保护区形成潜在威胁、漳江口红树林国家级自然保护区对历史遗留的养殖池塘尚未完全完成"退养还湿"。综上，福建海湾养殖等传统海洋产业用海面临新的调整与优化，统筹协调海洋开发利用与保护的任务艰巨。

表2-1 福建2014—2016年主要海湾无机氮浓度（毫克／升）及水质状况

年份	沙埕港		三沙湾		罗源湾		闽江口		福清湾		海坛湾		湄洲湾	
	无机氮	水质	无机氮	水质	无机氮	水质	无机氮	水质	无机氮	水质	无机氮	水质	无机氮	水质
2014	0.66	劣四类	0.51	劣四类	0.51	劣四类	0.70	劣四类	0.43	四类	0.26	二类	0.22	二类
2015	0.69	劣四类	0.49	四类	0.49	四类	0.87	劣四类	0.35	三类	0.26	二类	0.22	二类
2016	0.59	劣四类	0.45	四类	0.42	四类	0.80	劣四类	0.28	二类	0.22	二类	0.21	二类

年份	兴化湾		泉州湾		深沪湾		厦门湾		旧镇湾		东山湾		诏安湾	
	无机氮	水质	无机氮	水质	无机氮	水质	无机氮	水质	无机氮	水质	无机氮	水质	无机氮	水质
2014	0.37	三类	1.35	劣四类	0.34	三类	0.63	劣四类	0.32	三类	0.28	二类	0.18	一类
2015	0.22	二类	0.59	劣四类	0.25	二类	0.60	劣四类	0.29	二类	0.27	二类	0.19	一类
2016	0.32	三类	1.01	劣四类	0.65	劣四类	0.81	劣四类	0.37	三类	0.38	三类	0.25	二类

（二）海水鱼类网箱等投饵型养殖的饵料来源仍然主要依赖鲜杂鱼，对环境和渔业资源造成负面影响

福建省海水鱼类网箱养殖产量42.9万吨，饵料来源主要依赖鲜杂鱼，年消耗量超120万吨，配合饲料整体普及率仍然处于较低水平。以投喂鲜杂鱼为主的粗放式鱼类网箱养殖方式虽在生长方面有优势，但过度投饵现象普遍，饲料系数、产污系数分别为配合饲料的3～5倍，养殖效率低，易污染水环境。据福建省海洋环境与渔业资源监测中心数据与水产养殖业污染源产排污系数手册估算：2016年宁德地区鱼类养殖的氮输入达到8 842吨，其中鲜杂鱼饵料的污染贡献率超过90%，尽管贝类和大型海藻的养殖规模也较大，但贝藻养殖的氮输出尚不足以抵消鱼虾蟹养殖的氮输入，导致宁德市境内沙埕港和三沙湾水质在2014—2016年为四类或劣四类（表2-1、表2-2）。

表2-2　2014—2016年福建省各地市海水养殖对海域的氮排放贡献（吨）

年份	地市	排放量				吸收量			海水养殖净排放
		鱼类	虾类	蟹类	鱼虾蟹养殖总排放	贝类	藻类	贝藻养殖总吸收	
2014	福州	6 014	92	48	6 154	−5 891	−7 931	−13 822	−7 668
2014	厦门	42	2	0	44	−85	−15	−101	−56
2014	莆田	524	14	12	550	−3 284	−7 202	−10 486	−9 936
2014	宁德	9 293	35	45	9 372	−1 902	−5 481	−7 383	1 989
2014	泉州	427	8	11	446	−2 273	−836	−3 109	−2 663
2014	漳州	3 741	60	53	3 855	−6 001	−2 747	−8 748	−4 893
2015	福州	7 241	106	51	7 398	−6 096	−9 117	−15 212	−7 815
2015	厦门	22	2	0	24	−88	−16	−104	−80
2015	莆田	599	13	13	624	−3 518	−7 579	−11 098	−10 474
2015	宁德	10 779	42	50	10 871	−1 895	−6 011	−7 906	2 965
2015	泉州	436	8	12	456	−2 316	−873	−3 189	−2 733
2015	漳州	4 717	54	55	4 826	−6 299	−2 857	−9 155	−4 329
2016	福州	7 839	123	57	8 019	−6 581	−10 683	−17 263	−9 245
2016	厦门	21	2	0	23	−65	−24	−89	−66
2016	莆田	628	15	13	656	−3 715	−7 964	−11 680	−11 023
2016	宁德	11 770	45	53	11 869	−1 936	−6 648	−8 585	3 284

（续）

年份	地市	排放量				吸收量			海水养殖净排放
		鱼类	虾类	蟹类	鱼虾蟹养殖总排放	贝类	藻类	贝藻养殖总吸收	
2016	泉州	451	7	13	471	−2 375	−906	−3 281	−2 810
2016	漳州	4 885	58	59	5 002	−6 710	−3 103	−9 812	−4 810

　　同时，巨大的冰鲜饵料需求大大加剧了非法捕捞（IUU）活动，"绝户张网"、非法底拖网等酷渔滥捕现象屡禁不止，直接或间接对增殖放流、海洋牧场建设等一系列资源养护措施以及海湾及近海水域生态系统的健康造成了消极影响。根据《2019中国渔业统计年鉴》数据，福建省主要海水养殖种类对鲜杂鱼的消耗量根据饵料投喂系数（FIFO）计算，达到惊人的150万吨，即便基于大黄鱼养殖协会的统计量（80万吨），全省鲜杂鱼饵料消耗量也至少超过120万吨（表2-3）。在"三线一单"实施情况纳入生态环境保护督察的背景下，三沙湾等少数投饵型养殖模式占比较高的养殖海湾由于缺乏科学的规范化管理，直接造成社会将养殖产业视为"导致近海环境与生态污染的罪魁祸首之一"的刻板印象，长此以往，必将削弱养殖业在海洋产业中的发言权，损害渔业群体的长期利益，制约福建省养殖产业的转型升级与绿色发展。

表2-3　2019年福建省主要海水鱼类养殖产量与鲜杂鱼饵料用量

种类	养殖产量/吨	FIFO	鲜杂鱼用量/万吨
军曹鱼	100	6.50	0.065
鰤	4 339	5.40	2.343
大黄鱼	186 514	5.35	99.785
花鲈	37 992	1.82	6.915
石斑鱼	34 092	4.64	15.819
鲷	39 459	4.01	15.823
鲆	4 910	2.40	1.178
美国红鱼	16 327	4.69	7.657
鲽	824	2.12	0.175
合计			149.760

（三）海水良种覆盖率仍然不高，影响高附加值产品市场

以大黄鱼种苗为例，目前，绝大多数种苗来源于1985年闽东科技人员以32尾野生大黄鱼雌鱼培育的"福建大黄鱼"后代，以及2000年以来宁波和舟山培育的"浙江大黄鱼"的后代。可以说，目前养殖大黄鱼的基因种质还是属于野生型，然而良种的覆盖率仅约30%，不合理的种苗结构可能导致野生资源的种质退化，造成潜在的基因污染，同时过高的养殖产量伴随着非良种大黄鱼充斥市场，还导致了劣币驱逐良币的现象，严重影响福建省水产养殖的转型升级，降低养殖品质，影响和侵占养殖产业中高附加值产品的市场和品牌形象。

五、海湾养殖结构调整与新发展模式的主要任务

（一）战略定位

紧紧围绕生态文明建设任务和蓝色海湾战略需求，立足福建省海湾养殖可持续发展，突破福建省养殖容量评估与投饵型养殖鲜杂鱼饵料替代的核心与关键技术，推进福建省海湾养殖绿色、健康发展，保障水产品有效供给和国家生态安全。

（二）战略原则

坚持生态优先，推进绿色发展原则；蓝色海湾，保障供给原则；多重目标，均衡发展原则。

（三）发展思路

党的十八届五中全会提出"创新、协调、绿色、开放、共享"五大发展理念，将绿色发展作为"十三五"乃至更长时期经济社会发展的一个重要理念。党的十九大报告提出，必须坚定不移贯彻五大发展理念，坚持人与自然和谐共生，实施区域协调发展战略，加快生态文明体制改革，建设美丽中国，要求推进绿色发展。为坚定不移地践行"创新、协调、绿色、开放、共享"的发展理念和习近平总书记"绿水青山就是金山银山"的生态文明建设理念，落实党中央"坚持陆海统筹，加快建设海洋强国""加快水污染防治，实施流域环境和近岸海域综合治理""加快推进生态文明建设"等中央和省委、省政府关于生态文明建设的决策部署，提出"福建省海湾养殖结构调整与新发展模式"的发展思路：

围绕传统海湾养殖与功能区划的矛盾日益突出的问题，在海洋功能区划空间上要坚持保底线的工作思路，参考宁德市三沙湾海湾整治的经验，开展全省

禁养区，尤其是航道、保护区的海上养殖的全面清退，结合区域经济发展的需要，部分清退预留区的养殖设施，为未来海洋经济发展保留充足空间。

解决海湾养殖环境与生态问题以及传统海湾养殖结构不合理问题，为生态环境保底线。针对我国近岸特别是三沙湾传统网箱养殖存在的抵御自然灾害能力差、水域污染严重、鱼类品质和养殖效益日趋下降等问题，以污染物消纳为基础指标，坚定推进海陆统筹、以海定陆，逐步调整福建省海湾内鱼、虾、贝、藻养殖比例，实现鱼虾养殖营养净输入与贝藻养殖营养净输出的动态平衡；对海上养殖饵料交易市场进行有序整治、规范管理，并研究及推广污染较小的新型养殖饲料，严厉打击非法捕捞；海上垃圾及时收集、处理，渔排养殖生活污水实现达标排放，通过生态浮床、IMTA等科学设施与养殖策略的调整提升海洋景观，为经略海洋、加快海洋强省建设、加快近海海洋渔业转型升级、打造绿色可持续的海洋生态环境奠定坚实基础。

生计渔业保底线。在推进海湾养殖结构调整与新发展模式的过程中，要循序渐进，谋定后动，处理好海湾海域整治引发的问题，一方面引导渔民转产转业到其他新兴海洋产业中，另一方面，在内湾进行科学增殖放流，增加湾内渔业资源，为休闲渔业创造条件。各区可先行先试，发展休闲渔业，在湾内成立休闲渔船公司，建造休闲小型渔船，解决渔民就业问题，增加渔民收入；在湾外，可先试造多条较大功率的休闲渔船，试验成功后，可以将有牌照的渔船置换成休闲渔船，促进和发展休闲渔业。

养殖本身具有两面性，从养殖性质来说，有些养殖可能产生污染（如以鲜饵投喂为主的鱼类养殖），有些则可净化环境（如贝藻类养殖），以多营养层次综合养殖、抗风浪网箱养殖等多样化养殖模式为抓手，重点结合生境营造、海洋空间规划以及科学增殖放流等核心技术，维护海湾生态系统的稳定性。同时净化水体水质，对标海洋功能区划中对"旅游休闲娱乐区"的水质标准，使水体质量达到海水质量标准二类以上，为传统养殖模式探索新的海域空间，并形成以三沙湾为示范区的一二三产融合的海湾养殖业态与新发展模式。

针对传统养殖经济环节中市场导向不明确、水产品食品安全存在潜在风险、物流成本较高等问题，着力建设绿色生态化养殖相关产品的大数据平台，对养殖种类进行市场化分析，实现养殖产业的市场化导向。通过对养殖产业生态环境的改善以及环境监测平台的建设，保障水产品的质量安全。同时，大力发展海洋物联网，实现水产品的快速流通，降低物流成本，提升水产品质量。

（四）战略目标

1.近期目标

"十四五"期间（至2025年），优化福建省绿色养殖布局，减少50%的鲜杂鱼饵料使用量，推广基于环境容纳量的多营养层次养殖模式，建设一批高质量海洋绿色养殖发展示范区，以此为抓手加快推进重点海域综合治理，提升福建省海湾养殖水域水质，构建流域-河口-近岸海域污染防治联动机制，推进美丽海湾保护与建设。全面完成非法养殖区的清退，保护海湾典型栖息地生态安全，全面提升福建省海水养殖的良种率，大力发展海洋物联网，实现水产品的快速流通，降低物流成本，提升水产品质量。

2.中期目标

到2035年，建成我国渔业强省，实现福建省主要海湾养殖科学和有序发展，减少70%鲜杂鱼饵料使用量，全省海湾普遍采用基于生态容纳量的多营养层次养殖模式，使水体质量达到二级以上标准，对标海洋功能区划中对"旅游休闲娱乐区"的水质标准，使福建省养殖海湾的生态环境得到改善，形成良性循环的渔业产出系统，海湾养殖区规模、综合效益和科技水平均达到世界领先水平，为建成社会主义现代化海洋渔业强国作出重要贡献。

六、海湾养殖结构调整与新发展模式的政策建议

（一）实施投饵型养殖鲜杂鱼饵料规范化管理行动

"十四五"期间，在宁德三沙湾海域试点建立海水养殖业鲜杂鱼饵料规范化管理制度，推进全省中长期（5～10年）将鲜杂鱼饵料管理纳入政府的制度性管理工作。在试点海域由主管部门牵头协调，福建省水产技术推广总站及科研院所组建技术单位与团队，与养殖户签订海水鱼类养殖户公约，协商制定鲜杂鱼饵料配额；借鉴日本、挪威的海水鱼类精准养殖与智能投喂经验，在试点海域由技术单位与团队指导，推广软颗粒饲料，力争在2025年前，通过软颗粒饲料的推广，减少50%的鲜杂鱼饵料使用量，提高饵料效率；同步开展对养殖海域的环境生态监测，落实养殖海湾生态与环境质量底线硬约束；通过政策支持、奖励，在开发新型配合饲料及软颗粒饲料辅料、研发智能投喂机械、成立第三方渔业服务公司对养殖饵料进行统一加工-配送-投喂三个方面，全面提升配合饲料与软颗粒饲料工艺与市场占有率。

（二）推广多营养层次综合养殖模式

在资源、环境约束日益趋紧的背景下，发展多营养层次的综合养殖是实现海水养殖业高质量发展的有效途径。山东荣成桑沟湾实施的藻-贝-参多营养层次综合养殖结果表明，海带-鲍-海参综合养殖模式所提供的价值远高于鲍单养和海带单养，贝类、大型藻类是福建省海水养殖的主要种类，合计占福建

省海水养殖产量的86.6%，合理规模的贝类、藻类养殖既有助于净化水质、减缓水域生态系统的富营养化进程，还具有显著的碳汇功能。以海带为例，每1 000公顷可以分别移除碳、氮、磷14 773.2吨、908.7吨和58.5吨，相当于减排二氧化碳54 168.40吨。建议以莆田市的平海湾—南日岛区域、宁德市的三沙湾、漳州市的诏安湾作为试点区域，分别由莆田市海洋与渔业局、宁德市海洋与渔业局、漳州市海洋与渔业局等政府机构牵头，通过签订战略合作协议、成立产业技术创新战略联盟等措施，与科研院所、高等院校、龙头企业等共同建立"政产学研用"五位一体创新平台，根据试点区域的资源禀赋、海水养殖种类的营养级及生物学特点，因地制宜地构建并推广基于养殖容量的鱼-贝-藻、藻-贝-参、鱼-藻-参等多营养层次综合养殖模式。

⮞ 参考文献

董贯仓，田相利，董双林，等，2007. 几种虾、贝、藻混养模式能量收支及转化效率的研究[J]. 中国海洋大学学报 (自然科学版)，37 (6): 899-906.

黄通谋，李春强，于晓玲，等，2010. 麒麟菜与贝类混养体系净化富营养化海水的研究[J]. 中国农学通报，26 (18): 419-424.

江志兵，曾江宁，陈全震，等，2006. 大型海藻对富营养化海水养殖区的生物修复[J]. 海洋开发与管理，23 (4): 57-63.

焦念志，2001. 海湾生态过程与持续发展[M]. 北京：科学出版社.

刘家富，2002. 闽东网箱养殖病害及防治[Z]. 宁德：宁德市水产技术推广站.

骆其君，冯婧，徐志标，等，2009. 坛紫菜与彩虹明樱蛤复合养殖的研究[J]. 海洋学研究，27 (1): 67-73.

宋金明，2004. 中国近海生物地球化学[M]. 济南：山东科技出版社.

唐启升，方建光，张继红，等，2013. 多重压力胁迫下近海生态系统与多营养层次综合养殖[J]. 渔业科学进展，34 (1): 1-11.

韦章良，韩红宾，于克锋，等，2016. 三沙湾盐田港养殖海域沉积物中的有机碳、氮和磷[J]. 海洋科学，40 (3): 77-86.

翁燕霞，2018. 基于Ecopath模型的封闭海湾与开敞海湾的生态系统结构与能量流动比较研究[D].厦门：厦门大学.

郑钦华，2017. 三沙湾重点水产养殖水域理化变化特征及富营养化状况[J]. 应用海洋学学报，36 (1): 24-30.

Barrington K, Chopin T, Robinson S, 2009. Integrated multi-trophic aquaculture (IMTA) in marine temperate waters [M]// Soto D (ed.). Integrated mariculture: a global review.

Rome: FAO :7-46.

Christensen V, Walters C J, 2004. Ecopath with Ecosim: methods, capabilities and limitations[J]. Ecological modelling, 172 (2): 109-139.

FAO, 2018. The State of World Fisheries and Aquaculture 2018−Meeting the sustainable development goals [R/OL]. http://www.fao.org/3/I9540EN/i9540en.pdf.

Fong P, Donohoe R, Zedler J, 1993. Competition with macroalgae and benthic cyanobacterial mats limits phytoplankton abundance in experimental microcosms[J]. Marine Ecology Progress, 100 (1-2): 97-102.

Landis W G, 2004. Regional scale ecological risk assessment: using the relative risk model [M]. New York: CRC Press.

Moy W S, Cohon J L, Revelle C S, 1986. A programming model for analysis of the reliability, resilience, and vulnerability of a water supply reservoir[J]. Water Resources Research, 22 (4) :489-498.

Neori A, Chopin T, Troell M, et al., 2004. Integrated aquaculture: rationale, evolution and state of the art emphasizing seaweed biofiltration in modern mariculture[J]. Aquaculture, 231 (1): 361-391.

Odum H T, 1996. Environmental accounting: emergy and environmental decision making[M]. New York : Wiley.

Salomon A K, Waller N P, McIlhagga C, et al., 2002. Modeling the trophic effects of marine protected area zoning policies: a case study[J]. Aquatic Ecology, 36 (1): 85-95.

Smith D W, Horne A J, 1988. Experimental measurement of resource competition between planktonic microalgae and macroalgae (seaweeds) in mesocosms simulating the San Francisco Bay-Estuary, California[J]. Hydrobiologia, 159 (3): 259-268.

Xie Bin, Huang J J, Huang C, et al., 2020. Stable isotopic signatures (δ ^{13}C and δ ^{15}N) of suspended particulate organic matter as indicators for fish cage culture pollution in Sansha Bay, China[J]. Aquaculture. 10.1016/j.aquaculture.2020.735081.

主要执笔人

黄凌风　厦门大学环境与生态学院　教授
苏永全　厦门大学海洋与地球学院　教授
周曦杰　厦门大学环境与生态学院　博士后
石思沅　厦门大学环境与生态学院　硕士研究生

第三章　养殖容量评估体系与管理制度

　　养殖容量评估是科学规划海水养殖规模、合理调整养殖结构、推进现代化发展的重要依据，欧美等发达国家均将养殖容量作为海水养殖选址、空间规划、可持续管理等决策制定的核心内容。本章通过文献查阅、现场考察和调研等多种方法，综合分析了目前养殖容量评估的研究和应用现状、存在问题，分析了国内外可持续海水养殖管理的典型案例，阐述了建立养殖容量评估体系和管理制度的重要性、紧迫性，并提出了实施路径和相关建议，研究成果将为规范福建省近海养殖布局提供理论依据和操作指导。

一、建立养殖容量评估体系与管理制度的战略需求

（一）深入落实十部委重要文件指示精神，做管理模式创新的先行者

　　养殖容量评估是农业农村部等十部委联合印发《关于加快推进水产养殖业绿色发展的若干意见》中的重要内容，是对养殖水域滩涂规划的有效补充，同时，养殖容量制度的建立是一项创新性的举措和系统工程，制度的建立和实施需要利益相关方的统筹协调和相互配合，将有效提高社会、自然资源的科学配置和管理效率，但目前尚没有成熟的经验可以借鉴，需要一些省市积极发挥先行先试和引领作用。

　　福建省是我国重要的海水养殖大省之一，2019年福建省海水养殖产量达510.72万吨，居全国首位，约占我国海水养殖总产量的1/4，产业地位非常重要。率先建立海水养殖容量管理制度将具有开创性意义，将充分展现福建省先行先试、主动探索的创新精神，在有效推进福建省由海洋大省向海洋强省转型升级的同时，进一步提升福建省海水养殖大省的地位，并为其他省市海水养殖发展模式的创新提供可参考的样板。

（二）有助于实现产业发展与生态保护的和谐统一

　　贝类、大型藻类是福建省的主要养殖种类，合计占福建省海水养殖产量的

86.6%。养殖贝类、藻类等不仅具有重要的食物供给功能，还具有显著的生态服务功能，在净化水质、缓解水域富营养化状态、减排二氧化碳等方面发挥着重要的生态作用。

目前局部水域虽然存在养殖布局不合理、养殖方式不规范的现象，但采取"限期清退"等简单粗暴的管理方式，并不是解决产业问题的有效方法，以养殖水域滩涂规划和养殖容量管理为指导，通过科学规划、合理布局海水养殖，将有助于实现产业发展与生态保护的和谐统一，并进一步提升海水养殖的食物供给和生态服务两大功能，促进海洋生态文明建设。

二、养殖容量评估国内外研究和应用现状

Inglis 等（2000）将养殖容量划分为四种类型，包括物理容量、产量容量、生态容量和社会容量（表3-1）。目前关于养殖容量的评估方法主要包括定性和定量法，定性评估方法有Dame限制性指标法等，定量评估方法有能流分析估算模型法、营养动态模型法、能量收支模型法、生态足迹法、基于个体生长模型的生态系统模型法、基于食物网的生态系统动力学模型法等。在过去的几十年间，养殖容量的估算方法随着研究内容的充实和数值模型的广泛应用得到不断的改进和提升，估算方法从经验法、瞬时生长率法、能量收支法发展到一维、二维的数值模型，进而到耦合水动力过程的生态动力学模型方法，从单一品种的养殖模型逐步发展为多营养层次综合养殖模型。随着对养殖生态系统环境要素的了解逐步加深，养殖容量在算法上逐渐将养殖物种和养殖区的物理、生物和化学环境耦合起来，不仅考虑养殖生物受到的物理环境影响，而且愈加重视养殖生物的反馈机制以及不同养殖生物之间的关系，模型的参数逐渐增加，对物理、化学、生物要素的考量趋于全面。

表3-1　养殖容量概念的分类

类型	概念	关键影响因素
物理容量	在适于养殖的物理空间所能容纳的最大生物数量	取决于满足生物生长、生存所必需的自然条件（如底质、水文、温度、盐度、溶解氧等）
产量容量	产量最大时的养殖密度	取决于物理容量和养殖技术，容量估算与初级生产力及悬浮颗粒有机物浓度等密切相关
生态容量	对生态系统无显著影响的最大养殖密度	取决于生态系统功能，考虑整个生态系统和养殖活动的全过程（包括苗种的采集、生长、收获及加工过程）

（续）

类型	概念	关键影响因素
社会容量	包含以上3个层次的基础上，兼顾社会经济因素，对人类生活无显著负面影响的养殖密度	取决于社会对养殖活动的认知和可接受度

（一）养殖容量评估方法及优缺点

1.经验研究法

根据历年的养殖面积、放养密度、产量以及环境因子的监测数据等推算出养殖容量。法国 Verhagen 等（1986）通过对历年来 Oosterschelde 河口同年龄组贻贝（*Mytilus edulis*）的产量统计，研究了该水域的贝类养殖容量。此外，Grizzle 和 Lute（1989）以浮游生物水平分布和海区底部沉积物的特性，估算硬壳蛤（*Mercenaria mercenaria*）养殖容量。徐汉祥等（2005）根据对舟山海区27处深水网箱拟养区域的环境调查，估算了深水网箱的养殖容量。这种利用历年产量间的关系或环境条件对养殖容量进行估算的方法，得出的结果往往是一个经验数值；而且由于水质、环境因子及可能的生物过程的计算欠缺，养殖容量的计算结果存在很大的偏差。

2.瞬时生长率法

根据 Logistic 生长方程对种群增长与容量的关系进行估算。当瞬时增长率 $r = 0$ 时，环境容量 K 出现最大值。早在1981年，Hepher 和 Pruginin（1981）就采用此方法估算了养殖最大载鱼量。Officer 等（1982）建立了浮游植物在底栖贝类摄食压力下的瞬时生长模型，用于估算贝类的养殖容量。但这种方法只考虑生物个体生长，忽略了理化环境、生态条件等因素，估算的养殖容量不够准确，存在一定缺陷。

3.能量收支模型法

能量收支模型法是将食物链和能量传递结合，考虑养殖海区的饵料供应、初级生产力以及贝类生理情况，估算贝类的养殖容量。Rosenberg 等（1983）将瑞典西海岸紫贻贝571天的生物量、产量、呼吸、同化、摄入和粪便纳入能流图，通过能量收支平衡法评估了紫贻贝在该地区的养殖容量。Carver 等（1990）通过计算养殖海域内外颗粒有机物（POM）浓度、海水交换速率和养殖生物摄食量，根据能量平衡理论，评估出养殖海域的贻贝养殖容量。方建光等（1996）根据初级生产力、贝类生物量和有机碳需求量，评估了桑沟湾栉孔扇贝的养殖总容量和单位面积养殖容量。这种方法仅考虑了环境对贝类的影响，未考虑贝类养殖对环境的反馈作用以及养殖废物在系统中的再循环，估算的结果存在一定缺陷。

4. 营养动态模型法

海洋生态系统的能量和物质通过食物链传递，由低营养层次向高营养层次流动，基于生物摄食特性，形成各个营养级的不同物种，以此为基础建立的养殖容量评估方法为营养动态模型法。Parsons和Takahashi（1973）运用营养动态模型估算生态系统中不同营养层次的生物量，模型表达为：

$$P = BE^n$$

式中，P 为估算对象生物量，B 为浮游植物生产力，E 为生态效率，n 为估算对象的营养级。

营养动态模型法的一个特例是Ecopath生态通道模型。它可以以"快照"的方式反映某一特定养殖生态系统在某一时期的实时状态、特征及营养关系；以此为基础，假设要提高某一功能群（水产养殖种类）的生物量，就需要调整其他参数使系统重新平衡，在反复迭代运算的过程中来确定养殖种类的养殖容量（Byron，2011）。Ecopath侧重于从生态系统食物网角度评估产量容量和生态容量，但主要基于下行效应物质平衡方法，对上行效应的考虑有欠缺。

5. 生态系统动力学方法

生态系统动力学方法是通过模拟生态系统内重要生源要素的关键生物地球化学过程和相互反馈作用，根据不同的评价标准和要求构建生态系统动力学模型，进行养殖容量的评估。随着计算机技术的发展以及在海洋领域的应用，生态系统动力学模型成为国际上主流的养殖容量评估方法。Dowd（2005）在加拿大Lunenburg湾地区建立了包含紫贻贝、浮游动物、浮游植物、悬浮颗粒和营养盐的一维箱型生态系统模型，并以此模型评估了该海域紫贻贝的养殖容量。Nunes等（2003）建立了零维贝藻混养生态系统箱式模型，结合了海湾生态模型与扇贝和牡蛎个体生长模型。这一模型结合贝类个体和种群生长特征，通过模拟不同播苗密度下相应的贝类产量，以及不同混养方式对海区生态系统的影响来确定养殖容量。Guyondet等（2010）在加拿大圣劳伦斯湾内，通过水动力模型的嵌套以及生物模型的耦合，构建了一套在不同环境尺度下的当地贻贝养殖容量评估模型，模型直接将实际贻贝养殖海区嵌套在高分辨率的水动力模型计算网格内，根据不同的贻贝养殖密度以及贻贝养殖场规模模拟相关的环境变化情况，从而进行相应的水产养殖管理。

Filgueira 等（2015）在加拿大马尔佩克湾构建了养殖贻贝生态系统模型，以高分辨率水动力模型为基础计算养殖边界的水交换情况，从而计算不同位置的贻贝养殖设施对湾内浮游植物分布及贻贝生长的影响情况，模拟的结果为湾内新增养殖场许可证的颁发提供了依据。刘学海等结合初级生产力、浮游植物浓度和饵料收支平衡，建立了胶州湾生态模型，评估菲律宾蛤仔的养殖容量，为生态系统水平的养殖管理提供了理论依据。生态系统动力学方法可以结合生态系统过程、生物个体生理以及人类养殖实践，能够合理再现研究海区的系统过程，评估养殖对系统整体动态的影响，是支持贝类养殖可持续管理的有力工具。

综合上述已有模型，养殖容量评估方法大体可以分为两种：一种是"静态"评估方法，主要考虑几个关键性的生理生态参数，数据来源多为月际尺度、季节性尺度或年际尺度等，忽略生态系统内部过程的动态变化及级联响应，例如经验研究法、瞬时生长率法、能量收支法、营养动力学方法等；另一种是"动态"评估方法，基于生态系统动力学方法动态研究和模拟重要生源要素的关键生物地球化学过程。根据管理人员、科研人员、养殖业主等对生态系统生物地球化学过程认识的必要性、容量评估结果的准确性等需求的不同，两种评估方法各有优缺点。"静态"评估方法具有操作简单、所需数据易获取、普适性好等优点，但忽略了养殖生态系统生源要素关键生物地球化学过程的动态变化，评估结果存在一定的误差；"动态"评估方法是目前国际上广泛采用的主流方法，虽然能够动态地模拟和预测生态系统的响应情况，准确性较高，但涉及的参数非常多，对使用者的数理知识、专业知识等学术理论层面的要求较高，普适性相对较差。随着对养殖容量评估结果准确性和普适性需求的不断增强，通过对核心参数的数学化处理将"静态""动态"两种评估方法进行有机融合非常必要。

（二）海水养殖容量评估研究的工作基础

文献检索结果显示，目前福建已有罗源湾、同安湾、深沪湾、湄洲湾、东山湾、泉州湾、围头湾、诏安湾、大港湾等13个海湾养殖容量评估的报道，采用的评估方法主要是"静态"的营养动态模型法和能量收支模型法，相关研究结果为保障福建海水养殖健康发展提供了基础数据和重要参考。对于滤食性贝类养殖容量评估来说，贝类的滤水率是养殖容量评估的核心参数，目前采用的滤水率测定方法或为室内静水试验方法，或来源于相关文献，方法的科学性、数据的准确性、结果的可对比性尚有提升空间。

三、可持续海水养殖管理典型案例分析

（一）挪威

挪威海岸线全长10.3万千米（包括峡湾和岛屿），在1980—2018年的近40年时间里，挪威海水养殖产量从0.80吨增加至135.48万吨，发展迅速（图3-1）。自2005年起，大西洋鲑、虹鳟和大西洋鳕的养殖产量一直位居前3位，成为挪威海水养殖业的主要养殖种类，其中，大西洋鲑养殖产量达128.2万吨（2018年），占挪威海水养殖总产量的比例高达95%。大西洋鲑的产业发展起始于20世纪60年代末至70年代初的试养成功，经过40多年的发展，形成了苗种繁育、良种选育、成鱼养殖、营养与饲料、疫苗研发、设备制造、产品加工、冷链物流、品牌建设等一整套完整的产业链。

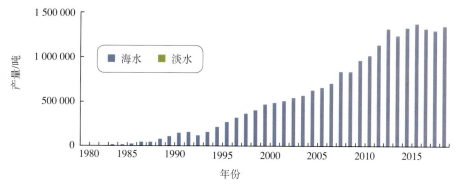

图3-1   1980—2018年挪威水产养殖产量变化情况

（数据来源：FAO渔业统计资料库）

注：淡水产量太小，在图中未显示出来

除了科技方面的贡献，挪威海水养殖业高效发展的另一个重要因素是制定了严格的海水养殖管理法律法规并辅以行之有效的行政管理。在过去的40年间，挪威通过了《水产养殖法》《鱼类及鱼产品质量控制法》《动物饲料检查法》等一系列关于养殖业的专门立法，建立了养殖许可证、最大许可生物量（maximum allowed biomass，MAB）、环境信号灯（the traffic light criterion）等制度和准则，这些法律法规给政府的行政管理提供了充分的依据，也为行业的发展制定了框架，与养殖相关的各个行业都在自己的框架内得到了充分的发展。主要措施包括：

1.实行严格的养殖许可证制度

在规划的养殖区内可以进行养殖，但养殖公司或个人需要向政府申请养殖许可证，而政府则通过许可证的发放来调控生产。挪威的《水产养殖法》规

定，每张养殖许可证的养殖水体不能超过12 000米³，且必须有2个养殖海域，养殖场在同一海域只能连续养两年，然后空闲一段时间，以避免长期连续养殖生产对海域内的生态环境造成负面影响；养殖场间距应大于1千米，养殖场和育苗场间距应大于3千米，以避免从养殖场向育苗场传染疾病的可能，保证健康苗种的生产；从2004年开始，最大许可生物量（MAB）制度替代了饲料配额制度，每张许可证允许生产的大西洋鲑总量为780吨。目前，挪威政府颁发的大西洋鲑许可证共有4种，分别用于育苗、养殖、亲本和技术研发，从1994年到2017年，技术研发许可证数量增加了70.4%，养殖许可证增加了20.1%，亲本许可证增加了4.5%，而育苗许可证数量下降了58.6%（张宇雷等，2020）；一家养殖公司可以拥有多个养殖许可证，均需按照许可证的规定进行生产，同时政府对养殖场进行严格的管理检查，违反规定的养殖企业将被撤销养殖许可证。

2.出台了环境信号灯规则

2017年，挪威政府出台了环境信号灯规则。根据该规则，挪威沿海被划分为13个大西洋鲑主产区，并分别用绿色、黄色、红色表征该区域的海虱状况：绿色区域表明大西洋鲑逃逸和海虱风险较低，产量可在最大许可生物量的基础上增加6%；黄色区域表明大西洋鲑逃逸和海虱风险中等，产量允许维持不变；红色区域表明大西洋鲑逃逸和海虱风险较高，产量必须削减6%。2017年，13个主产区中有8个被评价为风险较低（绿色）、3个为风险中等（黄色）、2个为风险较高（红色）（图3-2），以此来进一步控制水产养殖业发展对海域生态环境的影响。

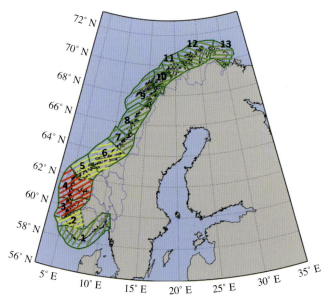

图3-2　挪威沿海13个大西洋鲑主产区环境信号灯颜色分布

（二）美国

美国的海水养殖种类以鱼类和贝类为主。其中，鱼类主要是大西洋鲑，贝类主要是牡蛎、蛤类和贻贝。FAO的渔业统计数据显示，美国海水养殖产量由1984年的14.2万吨增至2018年的20.37万吨（图3-3），年均增长率仅有1.06%，但相应的产值则由1984年的0.5亿美元增至2018年的5.02亿美元，年均增长率高达6.88%，呈现出很好的经济效益。

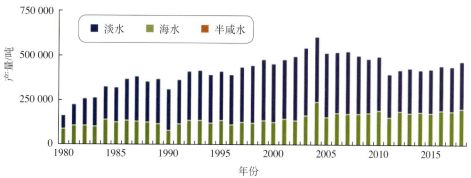

图3-3　1980—2018年美国水产养殖产量变化情况
（数据来源：FAO渔业统计资料库）
注：半咸水产量太小，在图中未显示出来

虽然美国海水养殖业的起步较晚且规模有限，但其生产集约化程度和经营服务社会化程度相对较高，这一方面得益于科研网络体系的强劲支撑，另一方面得益于美国政府管理部门的有效统筹和海水养殖行业协会组织的协同配合。

1.实施水产养殖最佳管理实践

水产养殖最佳管理实践（best management practices，BMPs）是针对水产养殖面源污染所采取的各种高效的控制和管理措施的总称。美国环境保护署（USEPA）对BMPs的定义是通过工程或非工程的实践操作，减少或避免水产养殖生产（农业生产）带来的水污染问题。美国是最早实施BMPs的国家，最初用于解决水土流失问题，1997年通过了《联邦水污染控制法》，首次将BMPs理念纳入立法层次，强调非点源污染源的削减与控制。为实现水产养殖的可持续发展，2000年1月，USEPA开始制定规则以规范商业或公共水产养殖，减少环境污染问题。2001年，USEPA以及美国国家研究、教育、推广农合合作部（CSREES）和密西西比州立大学联合制定了一个指导性的文件草案，对各种减轻水产养殖对环境影响的管理实践做了总结。该草案经过广泛审查后，USEPA于2003年12月发布了对流水、网箱、循环水及池塘等水产养殖实施BMPs的白皮书。2004年6月，《联邦纪事》（*Federal Register*）最终颁布了水产养殖对环境影响的BMPs。

美国政府在BMPs的实施上具有重要的作用。USEPA通过立法建立了最低水质标准和实行污水的限排措施，并根据各地区实际情况，实施各自的BMPs措施；为了鼓励以自愿的方式实施BMPs措施以解决水产养殖水污染问题，政府部门提出具体的可行性建议并予以一定的经济资助。在具体操作上包括：①税收控制、价格调节、教育和技术援助；②限制在某些区域进行水产养殖生产，如作为饮用水源的水域禁止水产养殖等；③鼓励和发展水产养殖废弃物处理市场，如池塘底泥的处理等；④加大科研力度，大力发展环境可持续的养殖生产模式，减少对环境的危害。

美国水产养殖BMPs的制定主要分为5个步骤：环境调查、环境评估、外部评审、召开利益相关者会议和BMPs定稿。最后经过商议通过的BMPs是按照如下的方式呈现的：将养殖活动涉及的问题分成几个大的类别，在每个类别下面列出详细的管理实践条目，并给出执行细节。水产养殖BMPs并不是一个固定统一的指导方针，它需要养殖户根据各自养殖场的具体情况进行具体分析，进而形成个性化的水产养殖BMPs。为实现管理的最优化，还要求水产养殖户随着经验的积累和认识的深化对水产养殖BMPs进行不断地修订完善。目前，已经实施的水产养殖BMPs包括马萨诸塞州有鳍鱼水产养殖BMPs、马里兰州水产养殖协调委员会针对本州制定的水产养殖BMPs手册、马萨诸塞州东南部贝类养殖业BMPs、佛罗里达州农业与消费者服务部发布的水产养殖BMPs规则和水产养殖BMPs手册及流水养殖、围网养殖、循环水养殖和池塘养殖系统BMPs等，均取得了很好的效果。

2.行业协会组织的协同配合

美国行业协会的运行模式的主要特点是企业自发组织、自愿参加，具有较强的民间性，在管理上自由放任、规范松懈。企业只要存在相同的利益，就可以建立一个行业协会，政府对此既不干预，也不予资助。行业协会为企业提供技术与信息服务，协调政府、企业、消费者之间的关系，同实力强劲的行业协会，如美国商会、美国制造商协会，以及联邦政府、议会都保持密切联系。当政企发生矛盾时，这些行业协会组织寻求议会的支持与介入，按照长期以来美国人所推崇的对立制衡原则处理政府与行业协会的关系。

美国在东北、东南、西南、西北和阿拉斯加5个海区均成立了涉及鱼类养殖、贝类养殖、饲料加工等并涵盖生产、加工、批发、流通各个环节的海水养殖产业协会组织（如国家海洋产业协会、太平洋海鲜加工商协会、美国大豆协会等）。海水养殖产业协会均由从业业主组成并自由选举负责人，其对内的职责主要是积极提供信息技术服务、合理规范行业经营行为和有效维护业主合法权益，对外的职责主要是保持与政府管理部门及相关利益团体的密切联系，最大限度地维护本行业的切身利益。

（三）加拿大

加拿大国土面积位居全球第二位，同时也是世界上海岸线最长的国家，全长约24万千米（包括岛屿）。根据FAO的数据统计，加拿大的水产养殖产量自1980年的3 566吨增长至2018年的19.13万吨（图3-4）。加拿大早期的水产养殖种类主要是鳟及牡蛎，随着养殖技术的发展以及苗种繁育技术的成熟，鲑及贻贝在加拿大的养殖占比逐渐攀升。海水养殖是加拿大水产养殖的主要形式。目前，有鳍鱼类是加拿大的主要养殖种类，2018年加拿大的鱼类养殖产量占到水产养殖总量的78%（14.9万吨）。

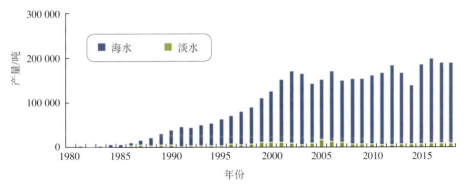

图3-4　1980—2018年加拿大水产养殖产量变化情况
（数据来源：FAO渔业统计资料库）

加拿大对于水产养殖活动有着明确的立法，但是作为联邦制国家，不同省份的法规存在些许差异。加拿大现行的《渔业法案》颁布于1985年，颁布之后进行了多次修订，最新的修订完成于2019年8月。2010年，加拿大制定了区域性的《太平洋海域水产养殖条例》，主要针对不列颠哥伦比亚省的水产养殖业进行相应的管理。2015年，加拿大制定了《水产养殖活动条例》，针对全国水产养殖业开展了相对应的管理工作。并于2018年发布了《水产养殖活动监测规范》《水产养殖活动条例指导文件》等一系列补充规定和说明，进一步完善了水产养殖领域的管理办法，以确保养殖业对环境的影响在可接受的范围内，达成可持续发展的目标。在相应的法律法规体系下，加拿大实行养殖许可证制度，一系列的补充条例与解释文件详细地规定了养殖许可证持有者所需要进行的定期环境监测义务和相应的监测标准。

与挪威的养殖许可证制度不同,加拿大的养殖许可证虽然规定了可用的养殖海域面积,但并没有明确规定每张许可证的养殖产量。根据《水产养殖活动条例》的规定,在进行养殖活动之前,养殖企业和个人需要至少提前300天向有关部门提交一份有效的环境调查报告,并且在养殖开始后对养殖海域的水质和底质环境状况展开长期有效的监测。如果养殖许可证上的可养殖产量超过2.5吨,或者养殖活动的年产量超过5吨,养殖主体则需要通过相应的方法减少养殖残饵和粪便对底质带来的影响。《水产养殖活动条例》规定,养殖主体需要向当地的渔业主管部门提交关于养殖环境监测、养殖用药、动物福利等内容的年度报告以评估养殖活动的环境影响。《水产养殖活动监测规范》作为支撑性条例,详细规定了不同地区关于养殖区域环境监测及底质监测的采样方法、采样流程及评价标准等,为养殖从业人员开展相应的环境监测活动提供了有效的指导,同时为政府部门执法提供了明确的依据。

四、福建省海水养殖管理面临的主要问题

(一)养殖水域滩涂规划尚未得到有效实施,养殖生产活动缺乏约束力

福建省的海水养殖业经过多年数量型、规模型的发展,大部分海域的养殖规模和密度已超过环境承载能力,超容量养殖现象非常突出,养殖对环境和自身的影响问题逐渐显露。为推动海水养殖业由规模数量型向质量效益型转变,根据农业农村部印发的《养殖水域滩涂规划编制工作规范》要求,目前,福建省已经完成67个县级养殖水域滩涂规划(2018—2030年)的编制和发布工作,对辖区内的养殖水域滩涂进行了功能区划,这项举措对于统筹海水养殖与其他行业的协调发展提供了重要依据。但在规划的实施层面,尚未得到有效推进,导致海水养殖与海洋工程、港口航运等用海产业的用海冲突依然存在;作为水域滩涂管理重要环节的水域滩涂养殖证管理制度虽已建立,但水域滩涂养殖证的发证登记覆盖率较低且对养殖总量、密度等信息标注不够明确,对养殖生产活动缺乏约束力。

(二)虽然具有较好的养殖容量研究基础,但养殖容量管理制度尚未建立

2019年1月,农业农村部、生态环境部等十部委联合印发《关于加快推进水产养殖业绿色发展的若干意见》,标志着水产养殖业的绿色发展进入了快车道。养殖容量是有效保障水产养殖业绿色可持续发展的重要依据。2017年4月,

唐启升院士联合25位水产界知名专家形成了一份题为"关于促进水产养殖业绿色发展的建议"的中国工程院院士建议，建议的核心是呼吁建立"水产养殖容量管理制度"。20世纪90年代，中国水产科学研究院黄海水产研究所科研人员率先开展养殖容量研究以来，福建省相关科研人员积极响应，较早开展了福建省罗源湾、深沪湾、诏安湾等13个典型海湾的养殖容量评估工作，积累了丰富的数据资料和较好的研究基础，但已发布的养殖水域滩涂规划只是海水养殖业发展的空间规划，并非产业规划，虽然提及水域滩涂承载力评价，但多停留在定性描述层面，与已有的养殖容量研究成果尚未形成很好的衔接，科技对产业的支撑力和约束力未能充分体现，亟须建立基于养殖容量的管理制度来规范养殖生产活动。

五、可持续海水养殖管理发展思路及战略目标

（一）发展思路

形成一系列养殖容量评估技术标准，建立健全养殖容量评估技术体系，逐步推行养殖容量管理制度，规范和优化近海养殖布局，为水产养殖绿色高质量发展提供可复制、可推广的"福建样板"。

（二）战略目标

1.近期目标（2025年）

在代表性区域实施养殖容量管理制度，养殖布局得到优化，完成贝类、藻类等主要养殖种类容量评估技术标准的制定，初步建成养殖容量评估技术体系。

2.中期目标（2035年）

养殖容量管理制度的实施范围覆盖整个福建近海区域，福建近海的养殖布局得到根本性的优化，养殖容量评估技术体系得到进一步完善。

六、可持续海水养殖管理保障措施和政策建议

（一）建立并实施养殖容量管理制度试点

选择莆田市的平海湾—南日岛区域、宁德市的三沙湾、漳州市的诏安湾等代表性海域作为管理试点，在福建省海洋与渔业局的统一部署和协调下，分别由当地政府渔业主管部门牵头，在推进养殖水域滩涂规划实施和养殖证发证登记进程中，将已有的养殖容量评估结果与养殖证登记信息进行关联，同时，充分发挥研究机构、渔业行业协会和学会等的协调职能，协助政府部门实现管理

制度顺利实施的同时，加强科技支撑和行业自律。

（二）强化养殖容量评估体系建设及能力建设

养殖容量评估是一个动态的、长期性工程，且评估结果因方法、因时、因地而异，建议组建以省级、地市级为主的不同层次养殖容量评估中心，建立福建省养殖容量评估体系。在队伍建设上，以福建省水产研究所、福建省水产技术推广总站及各市海洋与渔业局、海洋发展局、渔业技术推广站等的技术人员为班底，培养、组建一支掌握养殖容量评估技术并具有强有力执行能力的技术队伍；在运行机制上，在制定养殖容量评估地方标准的基础上，通过设立专项经费，由各级评估中心严格按照形成的地方标准，对辖区养殖海域的养殖生产要素、物理、化学、生物等方面的关键参数进行长期的、系统的监测，形成养殖容量评估的标准化和常态化。

🡢 参考文献

方建光，匡世焕，孙慧玲，等，1996. 桑沟湾栉孔扇贝养殖容量的研究 [J].海洋水产研究，17 (2): 17-30.

徐汉祥，王伟定，刘士忠，等，2005. 舟山深水网箱拟养海区环境本底状况及养殖容量 [J]. 现代渔业信息 (1): 8-11.

张宇雷，倪琦，刘晃，等，2020. 挪威大西洋鲑鱼工业化养殖现状及对中国的启示 [J]. 农业工程学报，36 (8): 310-315.

Bacher C, Duarte P, Ferreira J G, et al., 1997. Assessment and comparison of the Marennes-Oléron Bay (France) and Carlingford Lough (Ireland) carrying capacity with ecosystem models [J]. Aquatic Ecology, 31 (4): 379-394.

Bourles Y, Alunno-Bruscia M, Pouvreau S, et al., 2009. Modelling growth and reproduction of the Pacific oyster *Crassostrea gigas*: advances in the oyster-DEB model through application to a coastal pond [J]. Journal of Sea Research, 62 (2): 62-71.

Byron C, Link J, Costa-Pierce B, et al., 2011. Calculating ecological carrying capacity of shellfish aquaculture using mass-balance modeling: Narragansett Bay, Rhode Island [J]. Ecological Modelling, 222 (10): 1743-1755.

Caver C E A, Mallet A L, 1990. Estimating the carrying capacity of a coastal inlet for mussel culture [J]. Aquaculture, 88 (1): 39-53.

Dame R F, Prins T C, 1998. Bivalve carrying capacity in coastal ecosystems [J]. AquatEcol, 31: 409-421.

FAO, 2020. The State of World Fisheries and Aquaculture 2020-Meeting the sustainable development goals [R]. Rome: FAO.

Ferreira J G, Hawkins A J S, Monteiro P, et al., 2008. Integrated assessment of ecosystem-scale carrying capacity in shellfish growing areas [J]. Aquaculture, 275 (1): 138-151.

Filgueira R, Guyondet T, Bacher C, et al., 2015. Informing Marine Spatial Planning (MSP) with numerical modelling: A case-study on shellfish aquaculture in Malpeque Bay (Eastern Canada) [J]. Marine Pollution Bulletin, 100 (1): 200-216.

Heip C H R, Goosen N K, Herman P M J, et al., 1995. Production and consumption of biological particles in temperate tidal estuaries [J]. Ann Rev Ocean Mar Biol, 33: 1-149.

Herman P M J, 1993. A set of models to investigate the role of benthic suspension feeders in estuarine ecosystems [C]// Dame R F (eds). Bivalve Filter Feeders Springer Berlin Heidelberg: 421-454.

Inglis G J, Hayden B J, Ross A H, 2000. An overview of factors affecting the carrying capacity of coastal embayment for mussel culture [J]. Ministry for the Environment.

Kashiwai M, 1995. History of carrying capacity concept as an index of ecosystem productivity [J]. Bulletin of the Hokkaido National Fisheries Research Institute (Japan).

McKindsey C W, Thetmeyer H, Landry T, et al., 2006. Review of recent carrying capacity models for bivalve culture and recommendations for research and management [J]. Aquaculture, 261: 451-462.

Nunes J P, Ferreira J G, Gazeau F, et al., 2003. A model for sustainable management of shellfish polyculture in coastal bays [J]. Aquaculture, 219 (1): 257-277.

Officer C B, Smayda T J, Mann R, 1982. Benthic filter feeding : a natural eutrophication control [J]. Mar Ecol Prog Ser, 9: 203-210.

主要执笔人

蒋增杰　中国水产科学研究院黄海水产研究所　研究员
方建光　中国水产科学研究院黄海水产研究所　研究员
房景辉　中国水产科学研究院黄海水产研究所　副研究员
蔺　凡　中国水产科学研究院黄海水产研究所　助理研究员

第四章　近海渔业资源捕捞管理与适应性对策

一、近海渔业资源捕捞及管理现状

据统计，2018年福建海洋捕捞船数22 951艘，从业人员30余万人，海洋捕捞产量为216.2万吨。主要的作业类型为拖网作业、围网作业、张网作业、刺网作业、钓业和其他作业类型。其中，拖网占35.11%，围网占26.94%，张网占13.20%，刺网占12.12%，钓业占3.96%，其他占8.67%（图4-1）。主要捕捞对象有蓝圆鲹（*Decapterus maruadsi*）、带鱼（*Trichiurus haumela*）、鲐（*Pneumatophorus japonicus*）、鳀（*Engraulis japonicus*）、海鳗（*Muraenesox*）、鲳、鲷科鱼类、马鲛、马面鲀、鲻（*Mugil cephalus*）、石首鱼科鱼类、鲅

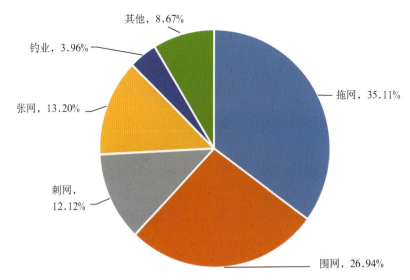

图4-1　2018年福建省海洋捕捞分作业类型产量占比

（*Liza haematocheila*）、玉筋鱼（*Ammodytes personatus*）、石斑鱼、鳓（*Ilisha elongata*）、沙丁鱼、竹䇲鱼（*Trachurus japonicus*）、金线鱼（*Nemipterus virgatus*）、虾类、蟹类和头足类等。其中鱼类占近海海洋捕捞总产量的75.37%，甲壳类占15.26%，头足类占5.89%，其他种类如贝类、藻类、海蜇（*Rhopilema esculenta*）等约占3.48%。

福建省近海渔业资源捕捞与管理以投入管理为主，主要包括降低并控制捕捞强度、实施休渔制度、制定最小可捕规格等。

（一）控制渔船捕捞强度

政府部门制定了捕捞量"零增长"的政策，并且采用"双控"办法，即控制捕捞船数和控制渔船总功率，制定多项限制捕捞增长的调控措施，从政策和经济手段两方面引导渔民转产转业、减船减网，引导条件好的渔船开拓远洋渔业生产，以降低国内渔场的捕捞压力。

（二）实施伏季休渔制度

福建省的伏季休渔制度真正始于1998年，在海域范围、作业类型、时间上几经修订，逐步完善，并得到了较为全面有效的执行。从2017年开始福建省实施新的海洋伏季休渔制度：5月1日12时至8月1日12时，全省海域禁止灯光围（敷）网、张网、刺网、桁杆虾拖和笼壶作业；26°30′N至"闽粤海域交界线"的福建省海域从5月1日12时至8月16日12时，26°30′N以北的福建省海域从5月1日12时至9月16日12时，禁止拖网、杂渔具和围网（围缯）作业。

（三）制定最小可捕规格

2016年，福建省海洋与渔业厅颁布了《福建海域主要捕捞种类最小可捕规格名录（试行）》，规定了蓝圆鲹、竹䇲鱼、鲐、银鲳（*Pampus argenteus*）、鳓、大甲鲹（*Megalaspis cordyla*）、带鱼、大黄鱼、二长棘鲷（*Parargyrops edita*）、海鳗、白姑鱼（*Argyrosomus argentatus*）、刺鲳（*Psenopsis anomala*）、蓝点马鲛（*Scomberomorus niphonius*）、黄鳍鲷（*Sparus latus*）、黑鲷（*Sparus macrocephalus*）、褐菖鲉（*Sebastiscus marmoratus*）、青石斑鱼（*Epinephelus awoara*）、赤点石斑鱼（*Epinephelus akaara*）、鲻（*Mugil cephalus*）、金线鱼、中国枪乌贼（*Loligo chinensis*）、剑尖枪乌贼（*Loligo edulis*）、曼氏无针乌贼（*Sepiella maindroni*）、长毛明对虾（*Penaeus penicillatus*）、日本对虾（*Penaeus japonicus*）、三疣梭子蟹（*Portunus trituberculatus*）、红星梭子蟹（*Portunus sanguinolentus*）、拥剑梭子蟹（*Portunus haanii*）、锈斑蟳（*Charybdis feriatus*）等29种主要海洋捕捞种类的最小可捕规格。各种捕捞作业应当主动避让幼鱼

群。捕捞的渔获物中，幼体总量不得超过同种类渔获物总重量的25%。

（四）设立保护区

建设海洋保护区是人类保护海洋生物资源与环境的有效方法。到2010年，福建省共建立3个国家级海洋自然保护区：晋江深沪湾海底古森林遗迹自然保护区、厦门珍稀海洋物种自然保护区和宁德官井洋大黄鱼繁殖保护区；7个省级海洋自然保护区：漳江口红树林自然保护区、宁德官井洋大黄鱼繁殖保护区、长乐海蚌资源繁殖保护区、龙海红树林自然保护区、东山珊瑚自然保护区、泉州湾河口湿地自然保护区和漳浦县莱屿列岛自然保护区。

二、休渔效果实证

（一）捕捞产量明显增加，单位捕捞努力量渔获量提高

福建省自1998年伏季休渔制度实施后，拖网、帆张网和大围缯等作业渔船虽然缩短了3个月的生产时间，但海洋捕捞总产量仍呈逐年稳步上升趋势。福建省实行伏休之前的1993—1997年5年平均海洋捕捞产量为152.88万吨，而伏休之后的1998—2002年5年平均海洋捕捞产量为200.82万吨，增幅达31.36%。将实施伏季休渔制度前后福建省海洋机动渔船单船捕捞努力量渔获量（CPUE）值相比较，1993—1997年5年平均为35.82吨/船，而1998—2002年5年平均为45.96吨/船，增幅为28.31%。2015—2019年平均海洋捕捞产量为178.84万吨，单船捕捞努力量渔获量值为70.75吨/船，比休渔制度实施之前5年（1993—1997年）分别增加了16.98%和97.52%。

2017年，农业部对海洋伏季休渔制度作出了重大调整（农业部通告〔2017〕3号），使之成为有史以来最严格的伏季休渔制度，休渔时间比之前更为延长。2017年实施单拖作业休渔后（8月）单船日均产量4 211.2千克，日均产值4.13万元，分别比休渔前（4月）增加47.44%和72.08%；实施双拖作业休渔后（8月）单（对）船日均产量15 114.7千克，日均产值7.66万元，分别比休渔前（4月）增加58.47%和64.03%。

（二）取得了良好的渔业生态效果

伏季休渔使得幼鱼群体得到养护，主要表现为经济幼鱼的渔获比例及幼鱼密度指数大幅提高。伏季休渔制度实施后，张网作业中的经济幼鱼比例有所增加，特别是带鱼的增幅显著。闽南海区张网作业监测资料显示，2020年8月带鱼在张网渔获物中的比例达40.4%，而休渔前的4月其比例仅为7.6%，增幅达4.3倍。同时，经济幼鱼群体养护效果也较为明显，渔获个体的生物学特征

具有较好增长趋势。2017年8月闽南单拖作业蓝圆鲹平均叉长200.5毫米，平均体重129.0克，分别比4月增加0.9%和32.4%，渔获个体有所增大。2020年4月张网作业渔获物中带鱼平均肛长为118.4毫米，平均体重为28.0克，8月渔获个体明显增大，平均肛长为146.1毫米，平均体重为49.2克，肛长、体重分别比4月增加23.4%和75.7%；8月二长棘鲷平均体重26.7克，比4月增加18.7克。另外，伏季休渔对渔业资源的种间结构也有一定程度的改善，如2017年闽南海区单拖作业渔获物中，休渔前的4月蓝圆鲹占41.3%，其他依次为带鱼12.1%、沙丁鱼7.8%、蛇鲻类6.7%、金钱鱼（*Scatophagus argus*）3.9%、篮子鱼2.1%、黄鲫（*Setipinna taty*）1.5%、海鳗1.2%、鱿鱼1.1%、鲐1.1%、鲀类1.0%、蟹类1.0%等；休渔后的8月渔获结构发生了较大变化，带鱼占35.8%，居第一位，其他依次为二长棘鲷17.6%、鲹类14.7%、蟹类4.9%、金线鱼3.1%、鱿鱼2.9%、刺鲳2.5%、蛇鲻类2.4%、白姑鱼2.1%、鲀类1.8%、绯鲤类1.5%、乌贼1.2%等。通过对休渔前后渔获比较发现，主要经济种类（带鱼、二长棘鲷、鲐、鲹类）合计比例从休渔前的54.5%增加至休渔后的68.1%，其他经济种类如蟹类、鱿鱼、刺鲳、乌贼都有不同程度的增加，取代了原先居于前列的沙丁鱼、蛇鲻类、黄鲫等低质鱼。

（三）减少了对海域生态环境的破坏

拖网作业于20世纪80年代后期首先在闽南-台浅渔场崛起，并很快进入闽中渔场、闽东渔场。由于无节制地提高捕捞强度，加速渔业资源的开发利用，全省拖网作业年渔获量大幅度上升，特别是单拖作业的发展，影响了海洋生态环境和渔业资源的可持续利用，渔获物的低质化、小型化，不仅破坏了经济幼鱼资源，而且单拖作业使用的废旧轮胎制成的沉子纲也越来越粗，对海域的拖曳次数过多，严重破坏海底植被及底栖生物等海底生态环境，导致一些渔业资源种群的产卵场、栖息环境遭到极大破坏，尤其是对附着性卵的繁殖生物资源种群的补充机制影响重大。据估算，伏季休渔制度的实施，减少了单拖作业天数，减少了对海底的拖刮，渔场环境得到短暂安宁，一定程度上减少了对海底底栖生态环境的破坏，平均每年可减少拖刮作业渔场一次。

（四）降低了捕捞作业成本

实施伏季休渔措施，最直接的表现就是减少了作业船的生产天数，减少了捕捞努力量的投入。参加伏休的渔船减少了海上生产时间，从而节省了大量的工时、人员开支，节省了大量柴油、水、冰等渔需物资，减少了渔船、机器、助渔设备与仪器的损耗，估计周年生产成本降低20%以上。以单拖为例，上半年是生产淡季，考虑到柴油价格、船员工资等上涨，生产成本上升，而上半年渔获偏小，渔价偏低，很多渔船都停产不出航。伏休之后，海洋鱼类个体体重增加，渔获质量提高，渔价上涨，单位能耗渔获量增加，捕捞生产效益提高。

三、伏季休渔存在的主要问题

（一）伏季休渔成果难以巩固，保护与利用资源的矛盾仍然相当突出

每年休渔结束时，渔业资源密度达到当年最高水平；但休渔期一过，渔船便蜂拥而出，强大的捕捞强度难以控制，经休渔期保护后增多的鱼类补充群体资源仍经不起开捕后秋冬汛的过于强大的捕捞力量的冲击，能残存到第二年参加繁殖的剩余群体数量未见增加，2～3个月的伏季休渔成果至秋冬汛结束基本上丧失殆尽，渔业产量也迅速下降，伏季休渔效果难以长期巩固。

虽然年渔获量在实施伏休制度后增幅较大，但捕捞力量的增幅超过伏休制度实施后资源量的增幅，目前伏休制度起着类似暂养、增殖的作用，短时间内增加资源重量，而短时间内又被捕捞消耗，因此还不能全面遏制资源的衰退，更无法使资源走上良性循环的轨道。

（二）渔业生物的群落结构未得到根本好转

20世纪80年代以来，东海区渔业资源结构发生了巨大变化。东海区渔获物普遍出现低龄化、小型化及性成熟提早等现象。有些鱼类群体组成半数以上为当年生幼体；而小型的、短生命周期的鱼类数量有所上升，均可能由捕捞或自然因素变动引起资源巨大波动，具有明显的资源不稳定性。2009—2010年闽东海区张网作业渔获物中七星鱼、麦氏犀鳕、龙头鱼和黄鲫等4种低值鱼的比例为58.82%～73.04%，相比2000—2001年的54.4%有所增加；渔获质量总体上趋于下降。

（三）扶持渔业生产的措施力度不够，渔民增收有限

海洋捕捞是高能耗、高风险的产业，渔民除了要负担各种税费外，生产资料，特别是油料的大幅涨价，给渔民带来了沉重的经济负担。生产成本过高，增产不增收，经济负担沉重，打击了渔民积极性。加之伏季休渔期间的护渔措施、扶持政策力度不够，渔民难以解决休渔期的生产和生活问题。

四、完善伏季休渔制度的意见和建议

伏休存在的诸多问题实质上不是海洋伏休制度本身的问题，而是制度执行

层面的问题，应主要从制度执行层面研究对策措施、进行破解。同时，海洋伏季休渔从短期看可以保护处于产卵期的亲鱼和处在生长发育期的稚鱼，渔获量的增加和渔获物质量的提高效果是显而易见的，但从长期看，很难改变渔业资源持续恶化的趋势，必须多措并举、同步推进其他养护资源的措施。

（一）完善伏休执法依据

纵观我国的伏季休渔制度，对比国外的渔业管理政策，作为渔业管理领域中最为重要的制度之一，海洋伏季休渔制度在我国目前只是一项渔业政策和措施，并没有上升到国家的法律和法规层面，该制度的效力远不能从根本上解决我国海洋渔业资源养护和可持续发展的问题。相关部门要尽快完善伏季休渔政策，逐步推动伏季休渔政策向法律、法规转变，立法机关在时机成熟时需要把成熟、稳定的伏季休渔政策上升到国家法律和法规的层面，更好地发挥伏季休渔制度在保护渔业资源方面的作用。

（二）强化渔政执法监督

一项制度能否取得较好效果，关键看是否能够做到有法必依、执法必严和违法必究。渔业执法部门要加强伏季休渔期间的渔船管理，不断加大执法监管工作力度，依法查处非法捕捞行为，正确引导渔业生产，积极巩固休渔效果。

（三）严格控制捕捞强度，减少捕捞投入量

近海渔业资源的衰退，说到底主要还是由于捕捞压力过于强大。渔业管理部门应对渔船实施"淘汰一批、引导一批、调整一批"的方针，逐步缓解海洋捕捞压力，改变海域捕捞强度超过渔业资源潜在渔获量的状况。坚决取缔"三无"及"三证不全"的渔船；引导部分渔民转产转业，将部分渔民劳动力由传统捕捞业转型为养殖业、加工业和休闲渔业等；优化捕捞作业结构，调整部分资源掠夺型捕捞作业转向资源节约型和环境友好型的捕捞作业方式。

（四）加快限额捕捞试点

产出管理也是我国渔业管理的一项基本制度，为中央生态文明建设总体部署和要求的一项任务。建议应深化总结厦漳海域梭子蟹限额捕捞试点经验，完善试点方案及其相关配套措施，深入研究总可捕量确定、配额分配、渔船监管、捕捞信息采集、定点交易、渔获物监管、基层组织建设、渔业观察员制度等问题，积极探索建立投入和产出双向控制的资源管理新模式，推动落实海洋渔业资源管理总量制度。

（五）加强海洋生态保护

要在捕捞产能控制上做减法，在资源生态保护上做加法，加强对重要渔业资源的产卵场、索饵场、越冬场、洄游通道等栖息繁衍场所及处在繁殖期、幼鱼生长期等关键生长阶段鱼类的保护，大力开展水生生物资源增殖放流活动，建设一批国家级和省级海洋牧场示范区。加强渔业资源调查和水域生态环境监测，摸清海洋渔业资源的种类组成、洄游规律、分布区域，以及主要经济种类生物学特性和资源量、可捕量，为养护渔业资源提供科学依据。

五、限额捕捞试点方案概况

（一）试点海域

位于福建省厦漳海域，具体范围为282渔区和283渔区机轮底拖网禁渔区线内的福建省管辖海域（118° 04′ 4.8″ E、24° 30′ 00″ N，119° 00′ 00″ E、24° 30′ 00″ N，119° 00′ 00″ E、24° 22′ 30″ N，118° 30′ 00″ N、24° 00′ 00″ N，117° 49′ 44″ E、24° 00′ 00″ N五点连线区域，除去金门水域），海域面积约4 300千米^2（图4-2）。

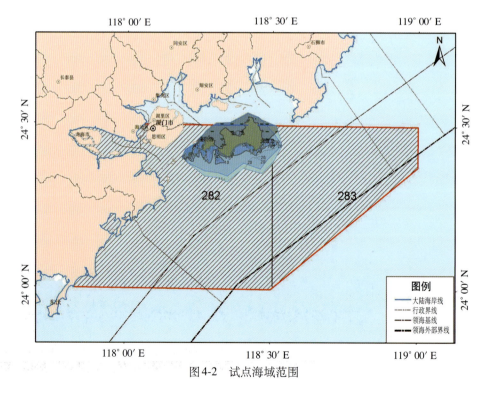

图4-2 试点海域范围

（二）试点时间

2018年8月1日至2019年4月30日。

（三）试点种类

梭子蟹[包括三疣梭子蟹、红星梭子蟹、拥剑梭子蟹和远海梭子蟹（*Portunus pelagicus*）四种混栖混获种类]。

（四）试点渔船

龙海市笼壶作业渔船，共计106艘。

（五）确定试点海域梭子蟹资源最大可捕捞量

委托福建省水产研究所开展笼壶作业梭子蟹捕捞量调查，同时结合岸上的社会调查，综合确定最大可捕捞量。为了生物学和生态安全的考虑，确定最大可捕量的90%作为初始总可捕量（total allowable catch，TAC）。

（六）捕捞限额管理

1.运行管理

通过以下措施对捕捞限额进行管理：

（1）专项特许制度。取得捕捞资格的渔船由龙海市海洋与渔业局统一发放限额捕捞试点专项许可证及标志旗（标注限额捕捞试点字样，颜色、样式与其他地区专项证有区别），渔船作业期间必须悬挂标志旗。未持有限额捕捞试点专项许可证的渔船不允许进入该试点海域从事笼壶作业。

（2）定点交易制度。试点作业船的渔获物必须在渔业主管部门指定渔港或报备的捕捞辅助船进行交易，同时记录捕捞量（即限额的使用情况）。

（3）渔捞日志制度。采用纸质渔捞日志和电子渔捞日志两种方式统计捕捞生产情况。每艘入渔渔船必须如实填写渔捞日志，每航次向渔业主管部门报送。报备捕捞辅助船需如实填写渔获物转载日志。渔捞日志记载的产量、交易量需接受渔政执法的现场核对。

（4）限额预警制度。按初始TAC控制管理、奥林匹克方式使用渔获配额的方法，确定梭子蟹限额渔获总量，第一年试点不实行渔获配额分配到船，而是采取竞争捕捞的办法完成配额。在可捕期内，渔船产量每日进行累计，当总累计量达到总配额量的95%时，召回所有试点渔船并停止离港生产。

2.监管保障

通过以下措施对捕捞限额制度的实施予以保障：

（1）船载北斗终端全天候监控入渔试点渔船的船位，船载北斗终端均需全天候开机，确保船位信息畅通。渔船确因设备故障或回港的，应及时报告备案。捕捞辅助船因设备故障导致自动识别系统（automatic identification system，AIS）关机的不得进入试点海域收购渔获物。

（2）执法巡航通过组织专项执法行动，对违反作业场所、未填写渔捞日志、未按定点交易规定违规交易梭子蟹等行为进行查处。

（3）不定期会商针对试点期间发现的问题，由福建省海洋与渔业局牵头，会同漳州市海洋与渔业局、龙海市海洋与渔业局、福建省水产研究所及试点渔船及时协商解决。

（七）时间安排

此次限额捕捞试点工作计划具体分三个阶段：

1.试点准备（2018年4月1日至2018年7月31日）

福建省海洋与渔业局公布福建省厦漳海域梭子蟹限额捕捞试点方案及相关配套制度。福建省水产研究所根据试点海域笼壶作业历史调查数据及近几年捕捞产量综合确定最大可捕捞量，以此制定2018年8月1日至2019年4月30日的限额捕捞总量；制作并发放渔捞日志；要求入渔渔船必须如实填报渔捞日志，建立渔捞日志制度。

龙海市海洋与渔业局确定入渔渔船名册、发放限额捕捞试点专项许可证及标志旗，确定定点交易场所及交易辅助船。

2.试点实施（2018年8月1日至2019年4月30日）

根据试点实施方案总体要求，由龙海市海洋与渔业局明确本辖区试点渔船具体限额及作业区域等事项后，开展捕捞限额试点。试点渔船根据试点方案严格执行渔捞日志制度、渔获物定船或定点交易制度、限额管理相关措施。漳州市、龙海市海洋与渔业执法机构加强执法监督管理，确保试点工作顺利进行。

3.经验总结（2019年5月1日至2019年8月1日）

总结梳理试点工作中产生的经验和问题，并召开会议，形成试点工作报告，提出完善的措施和建议。

（八）职责分工

福建省海洋与渔业局负责统筹、协调、指导、推进本次试点工作，明确捕捞限额总量，出台试点具体工作方案，制定完善有关制度，确保试点工作顺利完成。

漳州市海洋与渔业局负责协调、督促本次试点工作，抽调海上执法力量，保障执法监督工作。

龙海市海洋与渔业局负责落实各项试点工作，包括入渔渔船名册及其作业场所的确定、发放限额捕捞试点专项许可证、定点交易场所的确定和管理、渔捞日志管理、船载北斗船位监控、限额完成预警、执法检查等。

福建省水产研究所根据试点海域笼壶作业历史调查数据及近几年捕捞产量综合确定最大可捕捞量，以此制定2018年8月1日至2019年4月30日的限额捕捞总量；协助福建省海洋与渔业局制定试点总体工作方案并指导具体实施，汇总总结试点工作经验。

六、限额捕捞试点实施情况

2018年6月，工作小组在福建省海洋与渔业局领导的带领下，前往漳州龙海市开展试点工作筹备会，会上对试点各项工作进行了分工，并对工作重点和难点进行了梳理。接着根据试点海域笼壶作业历史调查数据及近几年捕捞产量综合确定了最大可捕量为400吨，以此作为2018年8月1日至2019年4月30日的限额捕捞总量。由福建省水产研究所制作了渔捞日志、岸上交易记录表和海上交易记录表，并由龙海市海洋渔业局发放到试点渔船。委托浙江省海洋水产研究所开发了福建限额捕捞电子渔捞日志手机App及数据库，并由其技术人员赴龙海给渔民培训使用方法。

2018年7月，由龙海市海洋与渔业局举办了限额捕捞试点动员会，会上福建省海洋与渔业局相关负责人向龙海市试点渔船船东和船长介绍了试点工作的重要性以及具体相关工作部署安排。龙海市海洋与渔业局向申请参与试点的渔船发放了渔业专项捕捞许可证。

2018年8月，试点正式开始，第一年试点不实行渔获配额分配到船，而是采取竞争捕捞的办法完成配额；福建省水产研究所联系了两艘试点渔船，负责逐月提供梭子蟹样品，并进行梭子蟹样品分析测定工作，为资源动态监测提供数据。

2018年10月和2019年4月，福建省水产研究所进行了试点海域春秋两季大面定点调查工作，以期摸清试点海域渔业资源状况，并评估资源量，为下一年度TAC的确定提供科学依据。

2019年3月，福建省水产研究所委托上海海洋大学海洋文化与法律学院开展关于"限额捕捞法律法规"的研究，主要内容包括：①限额捕捞制度管理现阶段存在的法律法规问题研究；②完成可实施（操作）的福建省限额捕捞管理的地方性法规或政府规章草案。

2019年5月，福建省水产研究所完成了渔捞日志采集和录入工作：采集20艘笼壶作业渔船的渔捞日志共计168本，产量合计197.3吨。

试点期间，龙海市海洋渔业执法大队对试点海域（近岸）进行了13次海上巡查工作。

七、限额捕捞面临的主要问题与挑战

（一）多鱼种渔业问题

捕捞限额制度的作用机理和国外实践均证明，该制度更适用于单一鱼种渔业。但是福建省捕捞业具有鲜明的多鱼种渔业特征，地方性差异也很大，这是全省大范围实施捕捞限额制度的最大挑战。尽管福建试点的渔获物有四种梭子蟹，但并不是作为多鱼种渔业进行管理的，而是将不同种类的渔获物组合作为一种渔获物对待。因此，我国在多鱼种渔业的捕捞限额制度实施方面仍未有实质性探索，而我国大部分海洋渔业又属于多鱼种渔业，如何实施捕捞限额制度仍是个有待破解的难题。

（二）总可捕量难以科学确定

捕捞限额制度想要实施成功，总许可渔获量的科学确定是其首要的前提和关键，它直接影响到该制度的实施及其效果。总许可渔获量管理是一项庞大而复杂的系统工程。想要科学、准确地评估过度捕捞限额，就必须通过较全面的、大量的渔业资源的调查研究和借助连续多年的渔业统计资料才能做到。由于福建省对海洋渔业资源的系统调查研究一直处于断断续续的状态，因此目前所提供的渔业统计资料不够全面、系统。各地又为了追求产量和经济效益，只提供对自己有利的数据，严重的甚至出现伪造和虚构的信息，与此同时，海洋捕捞中大量非法、不报告、不管制（IUU）捕鱼的存在，也会使统计资料失真。由于福建省现有的渔业资源基础数据不全，有些甚至存在失真现象，因此渔业管理部门目前确定TAC的主要依据是近几年渔民上报的渔获产量的汇总统计值，这种确定方法是缺乏科学性的。以试点的梭子蟹这一种类为例，它属短生命周期物种，一般生存期为2～3年，它的行为受环境变动影响非常大，每年梭子蟹的数量变动较大，因此对它的监测非常困难。

（三）试点海域的开放性

由于福建试点海域不是封闭的水域，不仅有笼壶作业，还有刺网、拖网等其他作业方式；不仅有龙海本地的渔船，还有泉州、东山等地的渔船在生产，这就给限额捕捞的实施带来非常大的困难。浙江省限额捕捞试点是在浙江省梭子蟹保护区内，该海域只对具有专项捕捞特许证的刺网作业及其辅助船开放，具有排他性，管理和监督相对比较容易一些。因此，试点海域的选择是决定试点工作成败的关键环节。

（四）缺乏渔业监督监管体系

捕捞限额制度属于动态管理系统，确保该制度顺利实施的基本必要条件是必须要有一套行之有效的渔业监督监测体系，否则实施该制度将毫无意义。然而，由于当前我国渔民数量庞大、渔场渔船众多、渔港数量众多且分散、水产品市场不完善，系统要面对的是复杂而巨大的监测对象，而我国现有的渔政监督执法力量相对薄弱，渔业监督管理体系很难实时有效、科学准确地对渔获物的定点交易及在海上生产作业的渔船实施监督监测。另外，《渔业法》中明确规定，国家对渔业的监督管理实行的是"统一领导、分级管理"原则。根据这一规定，各地渔政监督机构现在还不能统一协调，地方保护主义比较明显，在一定程度上削弱了渔政执法的力度。

（五）难以确保渔捞日志真实有效

渔捞日志作为一种生产监测工具，是限额捕捞工作的重中之重。渔捞日志是一种统计性资料，过去多为纸质版，现在大多改为纸质版和电子版双填报。渔捞日志因其能详细准确地记录生产作业的全过程而成为渔业统计报告的重要组成部分。完善的渔捞日志是全面准确统计渔业数据的基础，也是与渔业相关的法律规章制度制定及渔业科学研究的重要依据。渔捞日志上所记录的具体渔获位置、兼捕渔获物和明确丢弃物数量等数据是相关渔业行政主管部门实施有效监管的依据。但是渔民个人或渔业公司为了追求产量和经济效益，在日志中只提供对自己有利的数据，瞒报不利数据，严重的甚至出现伪造和虚构的数据。除此之外，因渔民的文化水平普遍较低，部分渔民还不会正确使用和规范填报电子渔捞日志。

（六）缺乏配套法规和政策

虽然我国在法律上已对渔民的生产作业行为作出了许多明文规定，但还没有明确的处罚依据来处理渔民不遵守限额捕捞的行为。没有法律强有力的保障，限额捕捞工作就难以顺利展开。为确保限额捕捞工作顺利展开，需制定相配套的法律法规和政策，如淘汰老、旧、木质渔船，促进渔民转产转业；或调整捕捞生产结构，减少捕捞努力量等。但现行的梭子蟹限额捕捞试点方案的配套政策非常少，仅涉及了奖惩制度，且奖惩力度都不大。在捕捞限额实施过程中，渔民的经济利益受损时，如果没有相应的补偿及扶持政策，渔民肯定不会很好地执行捕捞限额制度，反过来还会妨碍该制度的顺利实施。

（七）思想上的障碍

从各自的利益出发，不管是渔业管理者，还是被管理者——渔民，在思想上对捕捞限额制度的实施都存有顾虑。从渔业管理者的角度来说，实行捕捞限额管理，渔业管理成本也会随之增加，目前有限的渔业管理力量更会加大管理者的工作压力。再加上还要面对渔业管理长期累积的各类矛盾、渔政执行和监督能力较弱等诸多因素，很可能对此产生畏难等思想障碍。至于渔民，在捕捞限额实施后，必然无法同以前一样不受限地进行捕捞，其捕捞行为肯定会受到限制，由捕捞所带来的利益也会随之发生变化。捕捞限额管理实行后，现有的捕捞渔船必然会减少捕捞产量，然而渔业投入成本（包括燃油、网具、工资、维修保养等费用）却在不断提高，这必然会导致短期内的渔业经济效益呈现较大幅度的下滑趋势。大量从事海洋捕捞的渔民会因为亏本而破产、转产或转业。渔民可能会因眼前利益受损而或多或少地对该制度的实施产生抵触或逆反心理。思想上存在这些障碍就会制约捕捞限额制度的顺利实施。

八、限额捕捞发展思路与原则

开展渔业资源的科学调查与监测，为制定科学准确的TAC管理制度提供科学依据。不断完善负责任海洋捕捞行为准则，严格执行海洋捕捞准入制度、最小网目尺寸和最小可捕标准，全面清理IUU船舶。健全海洋保护区管理制度。面对渔业资源不断衰退，而捕捞强度远远超出资源承载力的态势，应加快发展方式转变，推进产业结构战略性调整，加快对渔业资源破坏严重的张网作业、拖网作业渔船的淘汰与转型，健全现代渔业产业体系，加强基础设施建设和物质装备能力建设，积极推进渔业科技进步，增强渔业可持续发展能力，努力实现资源能源节约、生态环境友好、产品质量安全、产业可持续健康发展。依靠现代科技，建立诚信捕捞生产制度、渔船进出港报告制度、渔捞日志航次生产报告制度。积极推进增殖渔业以海洋牧场建设为主要形式的区域性综合开发，建立以人工鱼礁为载体，底播增殖、海藻种植为手段，增殖放流为补充的海洋牧场示范区，并带动休闲渔业及其他产业的发展，实现养鱼于海、藏鱼于海，鱼与自然生态相协调。

统筹规划县域海洋捕捞容量，以县（市）为单位，县域海域为界限，规划各县市海洋捕捞的渔船数量，明确其总可捕捞量、各种作业类型渔船数量、各种渔船携带渔具数量，鼓励发展休闲（体验）渔业。集中管理，充分发挥地方群众组织的力量，协调监管。以渔港为抓手，建立渔船进出港报告制度、渔获物监测统计制度，及时掌握海洋捕捞动态情况，将资源节约、环境友好、生态优先摆在突出位置，建立负责任捕捞渔业标准体系和行为规范，规范生产者行为和监督管理标准，通过淘汰落后生产方式、控制捕捞强度等限制性措施和资源养护、生态修复等主动性行动，促进资源开发利用与生态环境保护事业协调发展。确保捕捞限额制度稳步推进和绿色渔业健康发展。

鼓励各县市积极开展增殖渔业，既可以充分利用广袤的天然水域增殖水产经济种类，又可以有效养护和重建自然生态环境，适应社会经济发展对优质水产品和良好生态环境的需要，是渔业绿色发展的重要途径和现代渔业新的增长点。

九、实施限额捕捞保障措施及政策建议

（一）修改《渔业法》以完善制度建设

当前，《渔业法》正在进行全面修订，建议借此在法律的规定性上全面完善捕捞限额制度体系，包括支撑实施捕捞限额制度的渔捞日志（包括电子渔捞日志的法律地位），捕捞生产报告，渔获物转载、上岸和交易监管，渔获物标签，渔船进出港报告和检查，渔业观察员制度，渔船船位监控及渔业资源调查、监测和评估等，并全面规定违反捕捞限额管理的相关法律责任。

（二）加强渔业资源调查、监测

充分发挥国家级、省级专门性水产科研机构的作用和潜能，并将高等院校的研究力量进行有机整合，促进合作，加强渔业资源的调查、监测。尤其是，为促进今后捕捞限额制度的顺利实施，应注重渔业资源调查和监测的全面性、连续性和针对性，提高其对渔业资源评估、捕捞限额设定和资源变化监测的可用性、支撑性。为此，需要加大财政投入，加强对资源调查和监测的设计、过程、数据和成果的监督管理，提高成效。

（三）建立综合性渔业数据信息系统

目前试点渔业的地域范围和生产规模都较小，渔业数据信息相对容易掌控。从更大范围实施捕捞限额制度的需求来看，为有效支撑捕捞限额设定、分配和配额使用监管，需要建立综合性渔业数据信息系统。该系统的内容应包括三类数据信息：一是渔业资源调查监测数据，二是以渔船为核心的捕捞能力数据，三是捕捞作业地点、时间、努力量、渔获量等捕捞生产数据。该系统的结构可以有不同的层级和类别设计，分国家级、区域级、省级、省级以下等层次，分不同渔业资源种类、不同渔业类型等类别。该系统的数据使用可以设置不同的开放和共享等级，支持不同范围的开放和共享，重要的是，对于跨区域的资源种类和渔业，应促进区域间的数据共享。

（四）进一步完善基于捕捞许可制度的捕捞作业限制管理

试点渔业全部为专项捕捞许可渔业，具有比一般捕捞许可更多、更具体的作业限制。若大范围推行捕捞限额制度，就必须对一般捕捞许可的渔业加强捕捞作业限制，降低渔船流动作业的范围，降低同一渔业类型、同一渔场中作业渔船结构的复杂性，为加强捕捞作业监管提供基础支撑。为此，可充分发挥捕捞许可证核定作业类型、场所、时限、渔具数量、可捕种类等方面的作用，强化对这些核定内容的限制力度，提高捕捞作业的可监控性。对于近岸渔场而言，可按2019年施行的修订后的《渔业捕捞许可管理规定》，在对渔场分区管理的基础上，逐步向渔场排他性专属利用制度的方向发展。

（五）建立多方参与和跨区域联合的管理机制

一是推动渔民组织深入参与监管。基层渔民组织在参与配额分配和管理、渔获量统计和交易监管、捕捞作业过程监管等方面可以发挥积极作用；国外的相关实践也表明，渔民组织对渔业管理的效果具有提升作用。渔民组织参与管理的潜力巨大，其中的关键是要将渔民组织的自治机制纳入渔业管理体制，并要赋予渔民组织一定的资源支配权，使其具有管理上的权属基础。

二是扩大捕捞限额的实施范围将越来越多地面临跨行政区渔场和大范围分布或洄游的渔业资源种群的管理问题，为有效实施捕捞限额管理，就需要建立跨区域联合、协同的渔业监督执法机制，以及海区、省、市、县等多层级联合执法机制。

三是要确保渔获物数据收集与核实的有效性，还需要渔业管理部门与市场、港口、加工企业等监管部门建立跨部门的联合、协同管理机制。

四是在捕捞限额管理决策机制上，可借鉴美国、新西兰等国家的做法，建立渔业管理议事委员会，吸纳科研机构、执法机构、渔民代表、相关利益方等多方人员共同参与，提高决策的科学性和可执行性。

（六）根据实际渔业特点分类设置捕捞限额管理机制

对于单鱼种渔业，可直接设定该渔业捕捞对象在一定区域内的捕捞限额；跨行政区域的可设置分区配额，在实施期间仅限于渔船在相关实施区域按其所拥有配额进行捕捞生产。

对于多鱼种渔业，还需要进一步专门开展深层次的研究。可考虑短期内按区域对其中的全部渔业资源种类设置整体的捕捞限额，或者对主要鱼种设置比例性限额，但要严格监管渔民因配额限制而抛弃低价渔获物以牟取利益最大化等问题；试行几年后可探索在区域内整体捕捞限额基础上，根据渔获物组成和生态系统结构，选择某指示性物种设定单鱼种捕捞限额，与整体捕捞限额一起进行综合监管。但其监管难度更大，海上抛弃渔获物的问题也仍将存在。

十、福建省海洋捕捞业发展目标

围绕控制和减轻捕捞强度发展捕捞业，落实限额捕捞各项措施。捕捞业必须坚持走生态优先、保护与合理利用相结合的发展道路，大幅度减轻捕捞强度、控制捕捞总量、保护资源生态，促进可持续发展。近海捕捞业要努力实现捕捞能力与渔业资源可捕量相适应的目标。

一是进一步加强捕捞渔船控制。继续实施捕捞渔船数量和功率总量"双控"制度，推进实施海洋渔业资源总量控制制度和限额捕捞试点推广，强化捕捞许可管理，落实捕捞渔民减船转产政策，加大对涉渔"三无"船舶等严重违法行为的查处力度。到2025年，"三无"船舶为零，张网作业渔船船数减少50%。

二是引导环境友好型作业方式。制定实施捕捞渔具准用目录，实行渔具渔法审查认定和准入制度，建立健全重要经济鱼类的最小可捕标准和幼鱼比例；逐步淘汰底拖网等高耗能、对资源和生态破坏严重的作业方式，倡导发展资源利用科学、选择性强的渔具渔法，合理调整捕捞作业结构。到2025年全省钓业与休闲（体验）渔业渔船数量逐步增加，占全省作业船数的5%～10%。

三是建立渔港渔获物监测平台，强化渔港监督与服务机制。加快渔港升级改造步伐，加强渔船进出港报告与检查制度，加强最小网目尺寸、幼鱼比例检查；改善渔港卫生条件和渔获物处理能力，减少幼鱼上岸量，减少浪费，提高产品利用率，提升捕捞业素质和捕捞生产效益。到2025年实现覆盖全省中心一级渔港的所有渔船进出港报告和渔获物上岸量的电子化日产量统计，渔获物的幼鱼比例下降50%。到2035年实现覆盖全省所有渔港的渔船进出港报告和渔获物航次报告，幼鱼比例控制在15%以内。

四是完成覆盖全省的县域海域海洋捕捞规划。2025年完成全省所有县市海域渔业资源调查与评估，所有作业渔船普查登记任务，以及所有县市捕捞作业渔船容纳量评估任务。

十一、福建省海洋捕捞管理重点任务

一是强化海洋捕捞作业管理，规范海洋捕捞行为，彻底清除"三无"船舶；
二是规划县域海域海洋捕捞渔船规模；
三是完善实施捕捞作业渔船进出港报告制度和渔获物登记报告制度；
四是完善渔船携带渔具报告和检查制度及幼鱼比例监测监管制度；
五是推行捕捞限额制度和负责任捕捞制度。

十二、福建省海洋捕捞发展政策建议

（一）开展全省渔港渔获物监测监管服务平台建设

选择全省具有代表性、指标性的中心渔港，实施渔获物上岸质量的全天周年监测；全省主要大型渔船作业类型包括拖网、围网、敷网、刺网、笼壶、张网等的渔获物质量；捕捞渔船生产时间、海区、渔获物质量；全省主要经济种类带鱼、蓝圆鲹、鲐、马鲛、二长棘鲷、乌贼、枪乌贼、梭子蟹、长毛明对虾等的资源利用状况、分布海区、重量组成、幼鱼比例等。建立全省渔业资源基础数据库，为分析评估全省渔业资源的总量、可捕量和最佳经济捕捞量，实施海洋捕捞科学管理打下坚实的基础。

（二）开展全省范围的各县市海域渔业资源与海洋捕捞强度调查与规划

通过调查，基本掌握福建主要渔场重要渔业资源的现状，提出渔业资源合理开发利用、合理配置捕捞力量以及渔业资源管理的建议与措施。主要开展五大作业渔场渔业资源底层拖网大面定点调查、主要捕捞作业类型生产性探捕调查、主要经济种类资源调查评估、福建海洋生物多样性数据库和标本库构建。

参考文献

程家骅, 2008. 伏季休渔制度实践的回顾之三: 现行伏季休渔制度的局限性分析及展望 [J]. 中国水产 (8): 17-19.

程家骅, 严利平, 林龙山, 等, 1999. 东海区伏季休渔渔业生态效果的分析研究 [J]. 中国水产科学, 6 (4): 81-85.

方芳, 2009. 捕捞限额制度施行效果及实施对策的初步研究 [D]. 青岛: 中国海洋大学.

顾玉姣, 2018. 浙江省实施限额捕捞管理面临的若干问题及对策探讨 [D]. 舟山: 浙江海洋大学.

金显仕, Johannes Hamre, 赵宪勇, 等, 2001. 黄海鳀鱼限额捕捞的研究 [J]. 中国水产科学 (3): 27-30.

刘若冰, 2015. 海洋渔业限额捕捞法律制度研究 [D]. 沈阳: 辽宁大学.

刘勇, 洪明进, 叶泉土, 2008. 闽南海区休渔前后张网作业渔获物组成比较分析 [J]. 福建水产 (4): 60-63.

卢昌彩, 2019. 完善我国海洋伏季休渔管理的思考与建议 [J]. 中国水产 (11): 36-40.

卢昌彩, 赵景辉, 2015. 东海伏季休渔制度回顾与展望 [J]. 渔业信息与战略, 30 (3): 168-174.

潘澎, 李卫东, 2016. 我国伏季休渔制度的现状与发展研究 [J]. 中国水产 (10): 36-40.

曲亚囡, 裴兆斌, 杨斯婷, 2018. 可持续发展视阈下我国海洋伏季休渔制度研究 [J]. 海洋开发与管理 (9): 17-26.

沈长春, 2012. 闽南-台湾浅滩渔场单船拖网作业调查与分析 [J]. 福建水产, 34 (4): 302-308.

唐建业, 黄硕琳, 2000. 总可捕量和个别可转让渔获配额在我国渔业管理中应用的探讨 [J]. 上海水产大学学报 (2): 125-129.

唐启升, 1983. 如何实现海洋渔业限额捕捞 [J]. 海洋渔业 (4): 150-152.

徐汉祥, 刘子藩, 宋海棠, 等, 2003. 东海伏季休渔现状分析及完善管理的建议 [J]. 现代渔业信息, 18 (1): 22-26.

徐汉祥, 刘子藩, 周永东, 2003. 东海区带鱼限额捕捞的初步研究 [J]. 浙江海洋学院学报 (自然科学版) (1): 1-6.

闫海, 刘若冰, 2015. 我国海洋渔业限额捕捞法制的症结及对策 [J]. 青岛科技大学学报 (社会科学版), 31 (3): 75-78.

严利平, 刘尊雷, 金艳, 等, 2019. 延长拖网伏季休渔期的渔业资源养护效应 [J]. 中国水产科学, 26 (1): 118-123.

张博, 刘庆, 2015. 渔业管理中 TAC 制度的实施及其动态调整 [J]. 中央财经大学学报 (6): 83-89.

主要执笔人

沈长春	福建省水产研究所	教授级高级工程师
马 超	福建省水产研究所	助理研究员
庄之栋	福建省水产研究所	研习员
徐春燕	福建省水产研究所	助理研究员
刘 勇	福建省水产研究所	助理研究员
蔡建堤	福建省水产研究所	副研究员

第五章 增殖渔业与发展定位

2013年6月，国务院发布的《国务院关于促进海洋渔业持续健康发展的若干意见》（国发〔2013〕11号）要求，深入贯彻落实党的十八大精神，坚定不移地建设海洋强国，以加快转变海洋渔业发展方式为主线，坚持生态优先、养捕结合和控制近海、拓展外海、发展远洋的生产方针，着力加强海洋渔业资源和生态环境保护，不断提升海洋渔业可持续发展能力，其中"发展海洋牧场，加强人工鱼礁投放，加大渔业资源增殖放流力度，科学评估资源增殖保护效果"是海洋渔业资源和生态环境保护的工作重点。2017年9月，中共中央办公厅、国务院办公厅印发了《关于创新体制机制推进农业绿色发展的意见》，将农业绿色发展摆在生态文明建设全局的突出位置，绿色发展已成为农业农村经济发展的主基调。据此，《全国渔业发展第十三个五年规划》将"转变养殖发展方式，推进生态健康养殖；优化捕捞空间布局，严格控制捕捞强度；强化资源保护和生态修复，发展增殖渔业等"列为重点任务。因此，如何做好近海渔业资源增殖和管理，实现海洋渔业可持续发展，保障我国粮食安全，已成为亟待解决的问题。

一、渔业资源增殖战略需求

（一）保障福建渔业增殖生态安全，推动渔业绿色发展

党的十八大从新的历史起点出发，做出"大力推进生态文明建设"的重大战略决策，将生态文明建设纳入中国特色社会主义事业"五位一体"的总体布局。党的十九大提出了"坚持陆海统筹，加快建设海洋强国"战略目标，并再次强调了"生态文明建设和绿色发展"，将建设生态文明提升为"千年大计"。海洋生态安全是我国生态文明建设和美丽中国建设的重要组成部分。

福建省是我国海洋渔业大省，海洋资源丰富，全省三面环山、一面临海，区位条件特殊，海域面积13.6万千米^2。环三沙湾、闽江口、湄洲湾、泉州湾、厦门湾、东山湾六大海洋渔业密集区初步形成，海洋渔业经济已成为福建省海

洋经济发展的重要支柱，渔业资源增殖放流发展较快。事实证明，水生生物的放流并非都能取得预期的效果，甚至还对野生群体带来了许多负面效应，人工鱼礁投放不当也会带来环境改变。例如，美国威廉王子湾的细鳞大麻哈鱼、挪威的鳕鱼等都没有取得预期的增殖效果；新西兰的褐鳟的放流影响了河流中原有鱼类及大型无脊椎动物的分布，甚至在有的水域取代了具有相同生态位的土生的南乳科鱼类；日本真鲷放流研究结果也表明当其放流量超过环境承载能力时会取代野生群体。研究表明，增殖放流会使野生群体产生遗传多样性降低、适应性降低、种群结构改变等遗传学影响。

综上所述，福建渔业资源增殖今后的发展，如增殖放流，放哪些物种、放哪里、放多少，放流后的效果如何评估；是否适合建设人工鱼礁，人工鱼礁建设的类型、布局、规模等，必须通过认真的研究，才能避免出现生态问题，保证生态系统健康和渔业持续发展。

（二）促进增殖渔业健康发展，满足人民美好生活需要

蓝色经济，狭义上也称海洋经济，包括为开发海洋资源和依赖海洋空间而进行的生产活动，以及直接或间接为开发海洋资源及空间的相关服务性产业活动，这样一些产业活动形成的经济集合均被视为现代蓝色经济范畴。目前，海洋经济已经成为世界经济发展的新的增长点。现代化高新技术在海洋开发过程中的应用，使得大范围、大规模的海洋资源开发和利用成为可能，向海洋要食品、要资源、要财富的蓝色革命——海洋经济已经成为一个独立的经济体系，并以明显高于传统陆地经济的比例快速增长，相当一部分国家的海洋产业成为国家支柱产业。

《全国农业现代化规划（2016—2020年）》明确提出，"十三五"期间我国渔业系统将着力推进渔业供给侧结构性改革，以五大发展理念为引领，以"健康养殖、合理捕捞、保护资源、做强产业"为方向，统筹推进水产养殖业、捕捞业、加工业、增殖业、休闲渔业五大产业协调发展和一二三产业融合。渔业利用海洋可再生资源，在海洋经济中具有不可替代的作用。据《2020中国渔业统计年鉴》，2019年全社会渔业经济总产值26 406.50亿元，其中海洋捕捞和海水养殖产值5 691.31亿元。目前，增殖渔业、休闲渔业已发展成为与捕捞业、养殖业和加工业并肩的渔业产业，因此，保证增殖渔业的健康持续发展，促进渔业三产融合，是满足人民美好生活的重大需求；是实现福建"百姓富、生态美"的发展目标，让人民群众真正享受生态红利的重大需求。

（三）推动渔业经济发展，确保海洋食物供给

随着人口的增长和生活水平的提高，人类正面临着食物不足、资源短缺和

环境遭受破坏等几大难题。生命科学的进展，雄辩地证明蛋白质是动物机体主要的组成物质，是人类食物营养的主要成分，是生命的基础。特别是动物性食物，对人类的发展具有特殊意义。据营养学家分析，鱼类等水产品不仅含有丰富的蛋白质等营养成分，而且易为人体消化吸收。

由于近海渔业资源的衰退，许多国家把视线逐渐转向海洋水产养殖、增殖，像人们向绿色植物索取食物一样，期待从蓝色的大海中获得更多更优的食物——称为"蓝色革命"，20世纪80年代以来为人们所探索和应用。海洋占地球表面积的70%以上，广阔的海域构成一座蓝色的宝库，是人类未来最大的食物基地。有研究估计，全球的海洋中，每年繁殖各种生物可达40亿吨，而至今世界的海洋渔获量仍不足1亿吨，其开发的潜力还相当大。

世界增殖渔业发展有百余年历史，被视为是增加和恢复衰退的渔业资源的重要手段之一。我国海洋生物资源增殖始于20世纪80年代初的中国对虾放流，之后真鲷、梭鱼、牙鲆、梭子蟹、魁蚶、海蜇等的苗种培养和增殖技术陆续取得成功，为我国海洋生物资源增殖工作奠定了基础，到"十二五"末，海洋增殖放流种类40多种，数量超过250亿尾（粒），已成为世界增殖渔业大国。

2018年1月，中共福建省委办公厅、福建省人民政府办公厅印发了《关于创新体制机制推进农业绿色发展加快建设生态农业的实施意见》，提出"加强湿地和渔业生态资源保护；建立完善水产养殖长效管理机制；加强渔业水域生态环境监测网络建设；推进海洋牧场、水生生物自然保护区、水产种质资源保护区和海洋特别保护区建设等"渔业绿色发展要求。但我们仍然面临着诸如增殖种类的适宜性、增殖容量、生态风险等问题需要解决。因此，保证增殖渔业可持续发展，对于推动福建省渔业经济发展，确保海洋食物供给具有重要意义。

（四）提高渔民收入水平，助力乡村振兴战略

海洋是人类获取优质蛋白的"蓝色粮仓"。继传统捕捞业、养殖业之后，我国海洋渔业面临新一轮的产业升级，而增殖渔业则是重要发展方向之一。早在1947年，我国海洋生物学家朱树屏就提出了"水是鱼的牧场"的理念。20世纪60年代中期，曾呈奎等我国知名学者提出了在海洋中通过人工控制种植或养殖海洋生物的理念及在海洋中建设"牧场"的概念。经过50多年的发展，源于这一理念的耕海牧渔日益成熟。据了解，农业农村部自2015年开始设立国家级海洋牧场示范区，截至2019年底，已批复110个国家级海洋牧场示范区。

国际上，《海洋科学百科全书》对"海洋牧场"有一个简单而明确的定义，即海洋牧场通常是指资源增殖，或者说海洋牧场与资源增殖含义几乎相等

(ocean ranching is most often referred to as stock enhancement)。它的操作方式主要包括增殖放流和投放人工鱼礁。增殖放流需要向海中大量释放幼鱼，这些幼鱼捕食海洋环境中的天然饵料并成长，之后被捕捞，增加渔业的生物量；人工鱼礁建设是通过工程化的方式模仿自然生境（如珊瑚礁），旨在保护、增殖或修复海洋生态系统的组成部分。面对我国近海渔业资源日渐枯竭、海水养殖盲目追求高产量和管理滞后导致病害频发等问题，供给侧结构性改革要求海洋水产业向绿色低碳、安全优质的方向发展。增殖渔业的健康、持续发展是保障渔民持续增收，推进乡村振兴的战略需求。

二、福建省渔业资源增殖发展现状

（一）增殖放流

1970年以来，全国沿海省市相继开展了人工放流增殖，福建省在东吾洋开展了对虾放流（倪正泉等，1994；叶泉土，1999；张澄茂等，2000），在官井洋开展了大黄鱼放流（张其永等，2010）。

为了弄清中国对虾（*Penaeus chinensis*）和长毛对虾（*P. penicillatus*）在东吾洋内的活动规律，福建省分别于1982年9月及12月进行了中国对虾和长毛对虾标志放流试验。两批共放流标志对虾6 199尾，截至1983年7月共回捕标志对虾1 429尾，回捕率达23.05%，其中90%标志虾捕自东吾洋，在毗邻的官井洋、三都澳及外海也均有捕获，通过标志虾的回捕，基本上摸清了这两种对虾的分布情况和活动规律。在此基础上，1986年东吾洋被列为国家"七五"和"八五"期间的重点开发海湾，进行了较大规模的生产性的中国对虾放流增殖试验。试验证明，中国对虾已能在东海南部海湾繁衍生息，并形成了自然的生殖群体。开启了福建省渔业资源增殖放流工作。

1985年福建省科技厅率先组织科技人员进行了大黄鱼（*Larimichthys croceus*）人工繁殖及增养殖技术的联合攻关，1986年突破了人工繁殖育苗技术，1987年又掌握了人工培育亲鱼技术，至1990年生产性育苗达到了百万尾的水平（张其永等，2010）。为了有效恢复大黄鱼的自然资源，福建省海洋与渔业厅和宁德市海洋与渔业局组织科技人员开展官井洋大黄鱼产卵场增殖放流和标志鱼追踪研究。福建省宁德地区水产技术推广站于1987年首次将人工培育的官井洋原种子一代鱼苗16 200尾（平均全长93.1毫米）放流到官井洋大黄鱼产卵场，其中放流标记鱼苗6 126尾。2个月内回捕483尾，回捕率7.9%。自此，福建省海洋与渔业厅和宁德市海洋与渔业局在官井洋大黄鱼产卵场持续地进行了官井洋大黄鱼原种子一代的增殖放流工作。

为了养护水生生物资源，改善水域生态环境，2009年，福建省海洋与渔业厅编制了《2010—2015年福建省水生生物资源增殖放流规划》，规划在沙埕港、三沙湾、罗源湾、闽江口、兴化湾、湄洲湾、泉州湾、东山湾和诏安湾等13个海湾和闽江、九龙江等流域干支流开展增殖放流工作。"十二五"期间，全省共投放具有福建地方特色或优势的海水、淡水经济物种及珍稀水生生物70亿尾（粒、只），放流种类达40多种，其中主要海水种类有大黄鱼、真鲷（*Pagrus major*）、黑鲷（*Acanthopagrus schlegelii*）、黄鳍鲷（*A. latus*）、长毛对虾、日本对虾、海蜇（*Rhopilema esculenta*）等；主要淡水种类有鲢（*Hypophthalmichthys molitrix*）、鳙（*Aristichthys nobilis*）、草鱼（*Ctenopharyngodon idella*）、黑脊倒刺鲃（*Spinibarbus hollandi*）、日本鳗鲡（*Anguilla japonica*）等。

根据《全国水生生物增殖放流总体规划（2011—2015年）》，福建省沿海增殖放流的物种有日本对虾、长毛对虾、刀额新对虾（*Metapenaeus ensis*）、锯缘青蟹（*Scylla serrata*）、三疣梭子蟹（*Portunus trituberculatus*）、大黄鱼、真鲷、黑鲷、黄鳍鲷、黄姑鱼（*Nibea albiflora*）、鮸（*Miichthys miiuy*）、鲈（*Lateolabrax japonicus*）、青石斑鱼（*Epinephelus awoara*）、赤点石斑鱼（*Epinephelus akaara*）、花尾胡椒鲷（*Plectorhinchus cinctus*）、褐毛鲿（*Megalonibea fusca*）、斜带髭鲷（*Hapalogenys nitens*）、双斑东方鲀（*Takifugu* sp.）、鲻（*Saurida* sp.）、曼氏无针乌贼（*Sepiella maindroni*）、海蜇、中国鲎（*Tachypleus tridentatus*）等共计22种（珍稀濒危物种1种）。据统计，2015年福建省共计放流海洋经济种类12种，共计30.67亿尾（粒）。

"十三五"期间，福建省坚持数量和质量并重、效果和规模兼顾的原则，通过采取统筹规划、合理布局、科学评估、强化监管、广泛宣传等措施，实现水生生物增殖放流事业科学、规范、有序发展，推动水生生物资源的有效恢复和可持续利用，促进水域生态文明建设和现代渔业可持续发展。2016年以来，放流总量已达162.66亿尾（粒），其中2019年增殖放流鱼、虾、贝等共16种，合计49.93亿尾（粒）。主要放流的种类有大黄鱼、石斑鱼、黄鳍鲷、真鲷、日本对虾、长毛对虾、中国鲎、曼氏无针乌贼、西施舌等。大黄鱼、泥东风螺等资源量显著增加，近三年大黄鱼的捕捞年产量与2008年相比提高了1倍以上，东山湾、诏安湾、三沙湾均发现大黄鱼种群，泥东风螺已成为沿海讨小海渔民的重要收入来源；珍贵濒危物种如大鲵、棘胸蛙、中国鲎等野生种群数量恢复明显。

（二）人工鱼礁建设

福建省位于东海之滨，南邻南海，是我国海水渔业大省。1985年，福建省在东山县铜山湾海区试验性投放第一批人工鱼礁，包括混凝土礁400个、船礁4个，总体积为1 102.7空方。2000年以后，开始对人工鱼礁的选址、礁体材料、礁形设计、流场效应、聚鱼效果以及管理等开展一系列研究，为人工鱼礁建设提供了技术支撑。2005年，福建省通过调查沿海海洋自然环境和渔业资源现状，编制了《福建省人工鱼礁建设总体发展规划（2006—2025年)》。从2007年开始，福建开始新一轮人工鱼礁建设，分别在莆田市秀屿区南日岛海域、霞浦三沙北澳岛海域和笔架山海域、诏安城洲岛海域、蕉城海域、惠安大港湾海域、福鼎小嵛山岛海域、福清东瀚海域投放人工鱼礁。莆田市秀屿区南日岛海洋牧场项目计划分七期在7千米^{2}内开展海洋牧场建设，投放水泥构件礁74 000空方，目前已完成六期任务。霞浦人工鱼礁建设分四期，第一期在三沙北澳岛海域，投放304个规格为3米×3米×3米的立方体构建礁体，63艘玻璃钢渔船，船长6～8米，占用8万米^2；第二期在大金笔架山岛海域，195个混凝土鱼礁，3艘船礁（1 400空方），共6 603空方；第三期在大金笔架山岛海域，112个混凝土鱼礁（3 000空方），8艘船礁（1 100空方）；第四期正在三沙北澳岛海域开展。诏安城洲岛海域人工鱼礁建设分三期，第一期投放构件礁432块，共4 000空方；第二期投放构件礁624块，共5 780空方；第三期投放构件礁672块，共6 200空方。蕉城区人工鱼礁建设分三期，第一期投放废旧渔船3 500空方，占1.3万米^{2}海域；第二期投放构建礁3 500空方；第三期投放礁体3 840空方。惠安大港湾投放构件礁96块，共3 400空方。福鼎小嵛山岛海域投放构件礁135块，共3 499空方。

三、我国渔业资源增殖发展现状

（一）增殖放流

渔业资源增殖放流，是指向海洋和内陆天然水域投放鱼、蟹、虾、贝等水产动物苗种而后捕捞的一种生产方式。广义地讲还包括为改善水域的生态环境，向特定水域投放某些装置（如附卵器、人工鱼礁等）以及野生种群的繁殖保护设施等间接增加水域种群资源量的措施。渔业资源增殖放流是补充渔业资源种群与数量、改善与修复因捕捞过度或水利工程建设等遭受破坏的生态环境、保持生物多样性的一项有效手段。

1.增殖放流发展概况

我国海洋渔业资源增殖起步较晚，20世纪30年代，浙江省水产试验场曾做过乌贼的人工增殖试验；20世纪50—60年代为了研究带鱼（*Trichiurus lepturus*）、大黄鱼（*Larimichthys croceus*）、小黄鱼（*L. polyactis*）、鳓（*Ilisha elongata*）、绿鳍马面鲀（*Thamnaconus septentrionalis*）、曼氏无针乌贼

（*Sepiella maindroni*）等主要经济种类的洄游分布，进行了标志放流试验。真正意义上的增殖放流，始于20世纪80年代初期的中国对虾放流实验，此后增殖放流成为增加资源量的重要手段，陆续开展了鱼类、贝类等增殖放流、移植、底播等实验研究和实践，取得了一定成效（范宁臣等，1989；唐启升等，2019）。

2003年农业部发出《关于加强渔业资源增殖放流工作的通知》（农渔发〔2003〕6号）；2006年2月国务院批准颁布了《中国水生生物资源养护行动纲要》，至此渔业资源增殖放流上升为国家事业；《全国水生生物增殖放流总体规划（2011—2015年）》明确近岸海域的渤海、黄海、东海和南海四个区到2015年增殖放流经济物种253亿尾、珍稀濒危物种0.06亿尾，迎来了政府主导、全社会参与的大发展期。据统计，2018年全年增殖放流超过300亿单位，全国累计增殖放流各类苗种超过2 000亿单位。2016年，农业部发布《"十三五"水生生物增殖放流工作的指导意见》，要求"十三五"期间各省份增殖放流苗种数量要在2015年的基础上实现稳步增长，到2020年，全国增殖水生生物苗种数量达到《中国水生生物资源养护行动纲要》确定的400亿单位以上的中期目标。据不完全统计，2019年全国海洋生物增殖放流的种类约44种，近260亿单位。

2.增殖放流技术

增殖放流是一整套系统工程，涉及增殖放流种类甄选、增殖放流技术研发、增殖放流容量评估、增殖放流效果评价等一系列关键环节。

（1）增殖放流种类选择（放什么）。合理选择适宜增殖放流的种类是渔业资源增殖放流的首要关键环节，是确保增殖放流效果的前提条件。目前我国渔业资源增殖放流在种类的选择上普遍遵循以下原则：①经济价值高且易于规模化苗种培育；②食物链级次较低、适应性较强；③生命周期短、生长快；④地方种或短距离洄游种；⑤珍稀、濒危物种。

目前，海洋增殖放流的种类约有45种，其中主要的有：中国对虾、斑节对虾、长毛对虾、三疣梭子蟹、青蟹等9种约占总放流数量的84%，海蜇及曼氏无针乌贼、金乌贼3种约占13%，大黄鱼、褐牙鲆（*Paralichthys olivaceus*）、黑鲷、半滑舌鳎（*Cynoglossus semilaevis*）、真鲷、许氏平鲉（*Sebastes schlegelii*）、笛鲷（*Lutjanus sp.*）等33种鱼类约占3%（张硕等，2018；农业部，2010）。从当前的增殖放流情况来看，各地增殖放流还是以恢复资源、增加渔民收入为主，增殖放流种类多属于经济性物种，选择的依据是有什么放什么，没有统一的甄选标准和规范。

（2）增殖放流技术研发（怎么放、何时何地放）。增殖放流关键技术主要包括苗种繁育与质量控制技术、放流规格、时间和地点选择、暂养驯化、运输和放流方式等，是决定渔业资源增殖放流成败的关键因素。

我国先后出台了《水生生物增殖放流管理规定》和一系列行业及地方标准与技术规范，如仅东海区三省一市公布实行的有关增殖放流的行业标准有8项，地方标准有19项，主要对苗种繁育与质量控制、放流规格、放流时间与地点、暂养运输、放流方式等做了明确的规定和要求。

（3）增殖放流容量评估（放多少）。是渔业资源增殖放流的基础科学问题，是研究最佳放流数量的前提。

针对合理放流容量的评估，有学者采用放流效果统计量评估法、通过估算体长瞬时生长速度参数及开捕时对虾群体的平均体长、利用Ecopath模型等，研究和评估单一物种的环境容纳量等。然而，由于基础研究严重不足，这些研究结果都没有实际应用，增殖放流的数量依然延续计划或规划。

（4）增殖放流效果评价（效果如何）。是检验增殖放流是否达到预期目标或能否产生风险的必需环节。完整的增殖放流效果评估应从生态、经济和社会效益多角度评估，目前的研究多注重对经济效益的评估。

增殖放流效果评估包括放流海域生境质量评价，放流种群与野外种群的遗传关系、生态关系，以及放流个体的扩散与存活情况等，这些主要是通过本底调查、海上跟踪、社会调查和标志实验等开展的。本底调查主要是放流前的大面调查，包括增殖放流种类的生物学习性、时空分布特征以及自然资源量和捕捞量等。海上跟踪是在放流后通过对海上多个站位的重点调查与跟踪，分析放流物种的资源变化情况。社会调查包括对渔港码头、水产市场以及渔政管理部门对增殖放流效果的调查访问。

放流个体标记和回捕率分析是进行增殖放流效果评估的主要方法。目前，应用于海洋生物的标志方法主要有实物标记、分子标记和生物体标记三大类。实物标记是传统的标记方法，标记物的种类很多，也是目前应用最广的标记方法，如挂牌、切鳍、注射荧光染料等。实物标记法虽然操作简单、容易发现和回收，制造成本较低，但对放流个体的生理和身体运动可能产生不良影响。挂牌标记适用于鱼、虾、蟹等物种，但对于较小的海洋生物幼体，利用传统标记法很难进行标记。研究表明，分子标记和耳石标记对于标记海洋生物幼体是最有效的。

增殖放流的生态风险作为放流产生的负面影响，成为各级政府和科研工作者越来越重视的问题。主要的风险包括：疫病传播风险、生物入侵风险、遗传多样性退化风险等。

（二）人工鱼礁建设

人工鱼礁是人为设置在水体中的工程构件，用以为水生生物提供产卵、庇护、索饵等场所，从而达到改善生态环境、为水生生物营造栖息地、提高渔业资源的数量和质量、养护增殖渔业资源的目的。人工鱼礁建设是栖息地保护和修复的重要措施，人工鱼礁为海洋生物提供栖息地、产卵场、索饵场的同时，有效限制拖网等资源破坏严重的捕捞作业方式，起到环境修复和资源保护的作用。

20世纪70年代末，我国在广西北部湾开始了人工鱼礁试验性建设和研究，先后在广东、辽宁、山东、浙江、福建等沿海海域建立了23个人工鱼礁试验点，投放混凝土人工鱼礁2.8万余个，近10万空方，投放废旧渔船礁49个，石块礁9.91万米^3。1981—1985年，国家水产总局立项实施"人工鱼礁的研究"项目，组织开展了人工鱼礁渔场的形成机理与条件、鱼礁区流场的特征、鱼礁投放试验及试捕调查、鱼礁区生物群落、鱼礁增殖鲍和海参等研究（杨吝等，2005）。1984年，人工鱼礁被列为国家经济贸易委员会开发项目，成立了全国人工鱼礁技术协作组，组织开展了全国人工鱼礁试验研究，但是由于资金欠缺、技术滞后以及对海洋生态保护意识的薄弱，人工鱼礁建设经过10年的试验性发展陷入停滞状态。

进入21世纪，过度捕捞、水域污染造成的环境恶化、资源衰退给海洋生物资源带来巨大的压力，严重制约海洋渔业的发展，渔业面临调整产业结构、转变生产方式的迫切需求。人工鱼礁建设为海洋生物提供了良好的栖息、繁育、庇护场所，礁体附着生物的滋生、礁区底栖生物和浮游生物的增加为鱼虾蟹等经济海洋生物提供了丰富的饵料生物，礁区生物资源量逐步提升，人工鱼礁作为一种生态型渔业增养殖模式再次得到国家和各级地方政府、科研院所和高校、渔企及相关从业人员的重视。据不完全统计，我国目前已建设人工鱼礁海区面积超620千米^2，投放人工鱼礁超6 000万空方，2015年，农业部以人工鱼礁建设为国家级海洋牧场示范区评审的基本考核指标，规定国家级海洋牧场示范区内人工鱼礁投放数量不低于3万空方，截至2019年底，全国共批复110个国家级海洋牧场示范区。为规范人工鱼礁建设和海洋牧场发展，农业农村部先后颁布了《国家级海洋牧场示范区管理工作规范》《人工鱼礁建设项目管理细则》《人工鱼礁建设项目验收工作规范》《国家级海洋牧场示范区建设规划(2017—2025年)》《国家级海洋牧场示范区年度评价及复查办法》等相关规章规划，并发布了《人工鱼礁建设技术规范》《人工鱼礁资源养护效果评价技术规范》《海洋牧场分类》等相关技术标准。"十一五"以来，在国家"863"计划、公益性行业专项、国家重点研发计划等中央和各级地方项目的支持下，在人工鱼礁材料和结构、水动力学、栖息地保护、生境优化、生态效果评价等方面开展了卓有成效的研究工作，取得一些突破性进展，为人工鱼礁的科学发展奠定了理论基础。

四、世界渔业资源增殖的发展现状与趋势

（一）增殖放流

1.发展现状与趋势

早在1842年，法国最早开展了鳟的人工增殖放流。其后，美国、挪威、澳大利亚等国家也先后开展了增殖放流活动。据FAO统计，截至2017年，世界上有94个国家报道开展了渔业资源增殖放流工作，其中有64个国家开展了海洋渔业资源增殖活动，增殖放流物种涉及200余种。

19世纪中后期，随着海水鱼类人工繁殖技术的逐步突破，美国、挪威、日本和西欧一些国家开始建立海洋鱼类孵化场，人工繁殖经济价值较高的鳕（*Gadus maerocephalus*）、大麻哈鱼（*Oncorhynchus keta*）等鱼种，并尝试通过人工投放种苗的方式增加自然水域的野生种群资源量，渔业资源增殖放流工作由此兴起。

进入20世纪，随着海洋生物人工繁育技术的进步和人工繁育种类的增加，美国、挪威、澳大利亚、日本、韩国等开展了大规模的增殖放流活动，放流种类涵盖鱼类、甲壳类和软体动物等多种类型，多达100多个种类（Bell，2008）。这一时期，过分强调种苗的生产数量和放流规模，由于基础研究、标记技术、放流方法等相对滞后，致使增殖放流成效很难评估。

20世纪90年代，随着种苗标记技术的日益成熟，通过"标记-放流-重捕"评价增殖放流效果和优化增殖放流策略，增殖放流得到快速的发展和提高。围绕此主题的"世界增殖放流和海洋牧场大会"先后在挪威（1997）、日本（2002）、美国（2006）、中国（2011）和澳大利亚（2015）连续召开了5届，探索经济效益、社会效益和生态效益"三赢"的增殖放流模式；增殖放流目标定位不能仅局限于提升增殖种类的资源量，还应充分考虑增殖水域生态系统的承载能力，注重其结构和功能的维持和稳定，同时应确保野生资源群体不会因为投放人工苗种而发生种群退化等。

2.关键技术研究进展

（1）增殖放流种类甄选。早期，国外在增殖放流种类的筛选上更加关注捕捞量的恢复和经济效益，一般会选择能够进行大批量种苗培育且培育成本低、生长快、经济价值高的种类，以缩短拟放流海区的食物链，提高海区的资源量，达到资源增殖的目的。同时，适量放流一些营养级次较高的优质种类，可以提高资源的质量，优化群落结构。美国渔业协会1995年制定的负责任增殖放流十大准则第一条提及，通过应用和排序标准筛选增殖放流种类，选定后评

估其野生种群减少的原因，然后再开展有针对性的放流。

据不完全统计，2011—2016年，20个国家共放流了187种，以日本放流种类最多（2015年达到72种），美国放流22种，韩国放流24种，澳大利亚、加拿大、俄罗斯放流6～7种（唐启升等，2019；Bell，2008）。鲑鳟鱼类是国外增殖放流的代表性物种，在美国、加拿大、韩国和日本等国家开展了7个种的增殖放流工作，包括粉鲑（*Oncorhynchus gorbusha*）、红鲑（*O. nerka*）、银鲑（*O. kisutch*）、王鲑（*O. tshawytscha*）、白鲑（*O. masou*）、虹鳟（*O. mykiss*）和大西洋鲑（*Salmo salar*）。大西洋鲑和细鳞大麻哈鱼的人工繁育、增殖放流被列入美国和加拿大的濒危种类保护法案。美国、苏格兰、挪威、英国主要增殖放流种类还有美洲西鲱（*Alosa sapidissima*）、美洲拟鲽（*Pleuronectes americanus*）、鳕（*Pollachius virens*）等。

（2）增殖放流技术研发。增殖放流过程中，涉及种苗繁育、种苗放流规格和规模确定、放流水域与放流时间选择、放流标记与效果评估等技术环节。

质量管控：苗种质量管理涉及繁育的各个环节，需严格采用无病原微生物的水体，制定完备的鱼类健康养殖法案（fish health protocols for hatchery fish），涵盖鱼类早期阶段的检疫、病理诊断、治疗、疫苗等。

放流技术：早期鲑鳟的放流以仔、稚鱼为主，放流水域为其进行洄游产卵的河流。随着苗种繁育技术进步，逐渐放流1～2龄的幼鱼，放流水域也随之更改为鲑鳟野生群体所生活的海域。相关研究证实，在避开敌害生物大量发生时放流褐鳟，苗种存活率能提高14.9%，聚点放流比散点放流方式有更高的回捕率（分别为65%和16%）；牙鲆放流体长10～11厘米个体存活率最高，为最佳放流规格；日本对虾放流在海草茂盛的海域，苗种存活率为海草稀少海域的19倍，生长速度为2倍；鳕幼体在食物充足的海湾放流的效果明显好于一些食物匮乏的海湾。此外，在放流海域利用网箱、较大围隔或围塘等进行暂养、驯化是较理想的放流策略。

放流方式目前主要有3种，即海面直接放流、放流装置放流和人工潜水放流。直接放流工作量小，操作简单易行，成本低廉，但对苗种的物理伤害大，苗种在水中的流散率、被捕食率及死亡率高；放流装置放流工作量相对较小，可有效缓解水面对鱼类的冲击，减小物理伤害，但苗种在水中的流散率、被捕食率及死亡率较高；人工潜水放流主要适用于海珍品，能够做到苗种定点定位放流，降低苗种流散率、被捕食率及死亡率，可操作性极强，但工作量大，成本过高，且会对人体造成较大负担。

标志技术：目前，鱼类放流的标志方式主要有三种，即物理标记、化学标记和分子标记。

物理标记主要有挂牌标记、金属线码标记、整合式雷达标记、耳石热标记等。挂牌标记方法相对简单，成本低，但一般用于个体较大的放流苗种。雷达标记和金属线码标记是将雷达和金属线码标记注入标记鱼肌肉或腹腔内，回收后通过检测器扫描确认，应用范围广。耳石热标记是在放流前对放流苗种养殖水体进行短暂的水温调控以改变耳石轮纹的生长特征，形成终生可识别标记。

化学标记主要有耳石荧光标记和耳石微化学标记，主要用于有耳石的海洋生物。荧光标记主要是使用与钙具有亲和性的荧光化合物，使其沉积在耳石上以形成在荧光显微镜下可识别的荧光。微化学标记可在具耳石海洋生物任何生活史阶段开展，包括受精卵，且耳石标记永久保存，常用标记化合物有土霉素、盐酸四环素、茜素络合物、茜素红和钙黄绿素等。标记途径有注射、浸泡和投喂，不同标记化合物标记途径和效果不一样。

分子技术近年来在渔业增殖放流标志方面取得一定进展，如微卫星标记、线粒体DNA标记、单核苷酸多态性标记、限制性片段长度多态性标记等多种分子标记技术被应用于增殖放流群体的研究。

（3）增殖放流容量评估。因受环境、生物及生态系统的复杂性影响，近海增殖容量的研究目前较少，但仍然有一些尝试值得借鉴。

经验研究法：结合养殖实验多年的养殖面积、产量、密度及环境因子的历史数据等信息确定适宜的增殖容量，该经验值受限于养殖技术、种类，存在一定的偏差。

生理生态模型：在测定单个生物体生长过程中所需平均能量的基础上，通过估算养殖实验区的初级生产力或供饵力所能提供的总能量，建立养殖生物的养殖容量模型；基于经济水生生物食性和资源量评估的结果，结合饵料生物的资源量等结果，可以估算当前鱼类、虾类的饵料生物利用状况，拟放流鱼类的饵料可利用状况。

现场实验：通过现场测定养殖生物的生理生态因子及环境参数，计算养殖生物瞬时生长率为零时的最大现存量，即生态容纳量。此方法数据来自现场实验，适用于小面积海域的生态容纳量计算。

目前，美国主要通过评估饵料食物、环境承载力的方法来进行增殖容量评估。例如，通过初级生产力调查和生态容量评估，确定放流水域中饵料生物所能支撑的鲑数量，然后根据气候变化对放流规模进行动态调节。

（4）增殖放流效果评价。一般来说，渔业资源增殖放流效果主要是通过生物条件（放流幼体数量、成体洄游返回数量或繁殖群体保护数量）以及经济条件（渔业价值增加或公众受益）来衡量。

在美国西海岸，增殖放流使鲑种群数量得到显著恢复和提升，目前商业捕捞的鲑鳟鱼类中80%以上来自增殖放流，经济效益十分明显。效果评估主要基于线码标记来完成，目前线码标记和识别均实现自动化，可大规模实施。社会效益主要体现在社会公众的认知程度。增殖放流避免了特定水域鲑野生种群的枯竭甚至灭绝，生态效益极其明显。

（二）人工鱼礁建设

从20世纪50年代至今，日本、韩国、美国、澳大利亚、印度尼西亚、马来西亚、英国、法国、意大利、葡萄牙等全球50多个国家和地区已开展人工鱼礁建设，人工鱼礁建设在国外取得长足的发展，世界渔业发达国家已从人工鱼礁建设中得到丰厚的回报。

日本是人工鱼礁建设规模最大和最发达的国家，为了支撑大规模捕捞业发展，1950年，日本以10 000艘小型渔船礁拉开了人工鱼礁建设的序幕，而其所取得的效果受到政府和民众的肯定，并给国外人工鱼礁建设树立了成功的案例。作为人工鱼礁建设最成功的国家，日本在人工鱼礁的建设和研究中投入了大量资金和人员，设有专业机构和部门研究礁区鱼类行为学及人工鱼礁的机理、结构、材料和工程学原理等。1954年，日本将人工鱼礁建设纳入国家计划；进入20世纪70年代以后，由于世界沿岸国家相继提出划定200海里专属经济区，这一形势迫使日本加速了人工鱼礁的建设进度。1975年颁布《沿岸渔场储备开发法》，从法律层面确定人工鱼礁建设；1978—1987年实施"海洋牧场计划"，在日本列岛沿海建5 000千米的人工鱼礁带。1954—1975年，共投建人工鱼礁440万空方，平均每年投礁21万空方；1976—1981年的六年间设置人工鱼礁3 086多座，体积3 255万空方；1982年以后，建设规模不断增加，20年间约投放人工鱼礁2 500万空方；20世纪90年代，人工鱼礁在日本已划为国家事业，并逐渐形成制度，国家每年出巨资用于人工鱼礁建设，人工鱼礁建设向着科学化、合理化、计划化、制度化方向发展。2002年，日本政府通过《水产基本计划》，继续在沿岸渔业项目中设立人工鱼礁，以强化渔业资源的培育和增长，在世界渔业资源利用受到限制的情况下，日本的渔业捕捞产量继续增加，主要是依靠建设沿岸渔场，其中人工鱼礁渔场起的作用最大。近年来，日本的人工鱼礁向深水区拓展，在深度超过100米的水域开展以诱集和增殖中上层鱼类、洄游性鱼类为主的30～40米大型、70米超大型鱼礁的研发。目前，日本是世界上人工鱼礁建造规模最大的国家，并处于国际领先水平，已形成规模化、标准化、制度化体制，现已针对不同功能开发出1 000多种礁型，并且仍在不断研制新的鱼礁，保证日本渔业的可持续发展（刘惠飞，2002）。日本的有些人工鱼礁投放在本国经济水域的外缘地带，经过几十年的增高增大，有40余座已接近或高出水面，形成最大面积数百平方米的人工礁岛，日本拟以此人工礁岛为基线，申请向外延伸200海里的经济水域。日本的人工鱼礁建设与增殖放流、环境控制、苗种培育、病害防治、生产管理等技术相结合，形成资源培养型渔业，为扩展日本渔业水域和海底资源打下基础。

韩国从1971年开始投放人工鱼礁，此后每年在沿海投放各类人工鱼礁5万个以上，其主要目的是为水产生物提供产卵场、栖息地，增加资源量，提高渔民收入。韩国早期投放的人工鱼礁结构简单、规格较小；进入20世纪80年代，人工鱼礁开始多样化，结构种类增加，鱼礁高度和容积向大型化发展；90年代进入数量快速增长期；1998年后进入质量提高期，政府部门制定了《人工鱼礁设施设置及管理规定》；2002年，为加强对人工鱼礁设置水域水产资源管理和保护，实施了人工鱼礁渔场管理工作，包括确定鱼礁位置、清除废旧网具。截至2010年，韩国沿岸建设鱼礁渔场1 016处，投放鱼礁超过134万个，礁区面积达到2 105千米^2（图5-1）。

图5-1 韩国人工鱼礁

1935年，美国在新泽西州建造了世界上第一座人造鱼礁，二战后，建礁范围从美国东北部逐步扩展到西部和墨西哥湾，甚至到夏威夷群岛。1972年美国政府通过92-402号法案，沿海各州掀起了人工鱼礁建设的高潮，并得到财政资金的支持，至1983年已建造了1 200个鱼礁群，每个礁群的体积均有数万空方，遍布水深60米以内的东西沿海、南部墨西哥湾、太平洋的夏威夷岛等海域，礁区的渔业生产力为自然海区的11倍；每年约有5 400万人到鱼礁区参加游钓活动，游钓船达1 100万艘，钓捕鱼类140万吨，其产值相当于全美渔业总产值的35%，游钓业年收入达180亿美元。1986年制定了在海洋中建设人工鱼礁来发展旅游钓渔业的计划，经过20多年的努力，现已在规划的各海域中建成了1 288处（共沉放了156座报废的海洋采油平台和58万艘报废船只）可供旅游者钓鱼的人工鱼礁基地，形成了初具规模的旅游钓鱼产业（Stone，2006）。据全美旅游钓鱼协会的统计，全美游钓协会拥有会员6 058万人，游钓船只（含私人游钓船艇）1 182万艘，游钓产量约152万吨，约占全美渔业总产量的1/5。这些规划建设的人工鱼礁不仅改变了水域的鱼类生态环境，而且产生了极大的经济效益，因游钓带来的旅游经济收入高达500多亿美元（表5-1）。

表5-1　得克萨斯州人工鱼礁类型与数量

人工鱼礁类型	数量/个	占比/%
海上平台	50	63
混凝土构件	6	8
船礁	15	19
球型礁	2	3
其他	7	9

1974年澳大利亚在悉尼以南约30千米的波特赫金近海投放了70万个废轮胎建设人工鱼礁区。2005年在布里斯班近海炸沉长133米的"布里斯班"号驱逐舰作为人工鱼礁，并结合已沉放的15艘旧船形成了人工鱼礁群，已发挥良好的旅游功能。据估计，沉船鱼礁每年吸引1万名潜水、游钓爱好者，可以带来2 000万澳元的旅游收入。近年来，西澳开始鲍增殖礁建设。

马来西亚、泰国等亚洲国家也有投放少量人工鱼礁，主要是废旧船只、轮胎等。意大利、西班牙等地中海国家为保护地中海环境（Aleao et al.，2007；Gomez-Buckley et al.，1994；Jensen et al.，2002；Ponti et al.，2002），多投放沉船、混凝土鱼礁防止底拖网，保护渔业资源。

五、福建省渔业资源增殖面临的主要问题

（一）增殖放流

1.苗种适宜放流规格不清楚

尽管渔业资源增殖放流已开展多年，但由于缺乏长期的跟踪研究，放流苗种规格适宜性仍难以确定，同一增殖种类有不同的放流苗种规格，但对其增殖效果和培育成本没有定论，不清楚哪种规格的投入产出比更好。为了节约成本，有时会放流规格小的苗种，一方面成活率低，另一方面，难以鉴定种类，不能保证确为放流种类，如福建省放流较多的长毛对虾和日本对虾，规格仅为0.8厘米，无法准确鉴定放流种类，更无法确定目标种类的增殖效果。

2.苗种质量难以保证

按照增殖放流的要求，在苗种放流前，应采取相关措施，使增殖放流苗种

适应增殖放流水域的环境。但在实际生产放流中，这一环节并没有严格要求及相应的监管，放流苗种基本没有进行适应性驯化，没有经过环境适应过程，更没有暂养，野化程度不够，从养殖环境直接放到海里，放流的突然死亡率极高，难以保证苗种的成活率。

3.注重放流数量

《中国水生生物资源养护行动纲要》要求，到2020年，每年增殖重要渔业资源种类的苗种数量达到400亿尾（粒）。主管部门要求完成的放流指标仅仅规定数量，并没有质量要求。在放流资金有限的情况下，为了达到放流数量，放流苗种基本选择成本低的虾类及部分贝类，鱼类数量较少。

4.缺乏增殖效果评估

增殖放流作为渔业管理的有效措施，被世界各国所证实和采用。然而，如何评价大规模和大范围的增殖放流活动是否取得了预期的资源增殖效果，成为业界十分关注的问题。国际上通用的评价方法为标记放流，标记方法有体外标记和体内标记。但由于标记除对鱼体产生直接伤害外，一些标记还会影响鱼类的生活，并且标记鱼的识别和回收困难，因此标记技术仍然停留在研究的层面，直接导致了增殖效果的评估缺乏方法和标准。近年来，分子标记和鱼类耳石微化学标记取得了重要进展，已在黄渤海中国对虾和牙鲆的增殖效果评估中取得了很好的应用。调研发现，福建省未开展增殖放流后的效果评估，苗种放流后效果到底如何，去了哪里都不知道，放流效果不明确。

5.监管不到位

面对增殖放流数量巨大、放流企业众多的现实，增殖放流主管部门的管理力量相对薄弱，存在"重放流轻管理"的现象，而且放流属于渔业管理部门，而放流之后属于渔政管理部门，出现增、管分离的问题，导致放流之后基本没有与之配套的渔业管理措施，很多放流种苗在放流后短时间内就被捕捞上来，从而无法起到增殖放流的预期效果。

（二）人工鱼礁建设

1.起步较晚，规模较小，缺乏重视和开发

福建是我国海水渔业大省之一，以水产品产量、市场需求、经济利益为导向的发展理念促使养殖业和捕捞业成为福建海洋渔业的支柱产业，而以资源养护、生态修复为宗旨的人工鱼礁建设尚未得到相关管理部门、龙头企

业、从业渔民和有关人员的高度重视和大力发展。目前福建省的人工鱼礁建设资金主要来自中央和地方财政，建设资金投入少，建设规模小，难以发挥人工鱼礁的规模化效应。

2.缺乏翔实的基础数据和科学的发展规划

福建沿海岛礁众多，具有优良的自然条件，查明福建近海重要渔业水域和岛礁海域生物资源群落结构、水文特征、底质结构、水质指标等基础环境数据，以此为依据，结合人工鱼礁和天然岛礁制定人工鱼礁建设长期规划，科学开展福建近海资源养护。

3.缺乏完善的人工鱼礁管理体系

公益性资源养护型是福建省人工鱼礁的基本功能定位，但建成后的人工鱼礁区缺乏有效的监管，增殖放流与人工鱼礁建设没有有机结合，对人工渔场内生态环境和渔业资源缺乏长期基础性调查，人工鱼礁的生态效应得不到充分发挥。

4.缺乏可持续的人工鱼礁开发模式

福建省的人工鱼礁建设以地方渔业主管部门为主，部分人工鱼礁建设完成后处于"闲置"状态，如何在保护人工鱼礁工程、养护生态系统的同时高效开发人工渔场内的生物资源，利用人工鱼礁的生态功能推动渔业升级转型、转变产业结构、富裕渔民是福建省人工鱼礁建设和渔业产业发展面临的瓶颈。

六、福建省海洋渔业资源增殖发展建议

（一）建立以大黄鱼、日本对虾和长毛对虾为主的自苗种培育-增殖放流-效果评估-资源利用的全程管理模式

1.加强放流物种的基础性科研和增殖容量评估

开展大黄鱼、日本对虾和长毛对虾等增殖种类的基础生物学、生态学以及环境适应性研究工作，掌握苗种规格对环境的适应能力及其成活率，找到放流苗种的规格和经济成本的平衡点，以质换量；掌握增殖水域的生态环境状况，科学评估放流物种的适宜数量。

2.注重放流物种的跟踪调查和增殖效果评估

开展大黄鱼、日本对虾和长毛对虾等放流后的跟踪调查，掌握放流苗种的分布、生长、资源量等情况；利用现代标记技术（如分子标记、耳石微化学标

记等）和标记回捕法、种群动态模型法、捕捞统计法等，掌握放流物种的经济效益、生态效益。

3.建立增殖资源的养护及其有效利用制度

加强增殖物种放流后的监管，在增殖水域清除有害渔具，避免放流苗种被损害，保证放流物种的成活率。对于对虾等当年可捕捞的增殖种类，在资源评估的基础上实行限额捕捞，规定捕捞产量、作业类型；严格禁止捕捞不达可捕标准的幼鱼。

（二）科学评估人工鱼礁建设的适宜性和建设模式

1.对现有已建成的人工鱼礁及毗邻区域，开展环境质量、生物资源等效果评价，对比分析人工鱼礁建设的效果，科学评估人工鱼礁建设的必要性。

2.开展沿海人工鱼礁建设的生态基础调查，摸清福建海域退化栖息地的环境、底质以及生物资源状况，科学评估人工鱼礁建设的适宜性，因地制宜制订建设规划。

3.依托自然岛礁资源，建立"岛礁+人工鱼礁"聚鱼游钓为主的人工鱼礁，发展休闲渔业模式的人工鱼礁建设。

🔁 参考文献

范宁臣，俞关良，戴芳钰，1989.渤海对虾放流增殖的研究 [J].海洋水产研究，10: 27-36.

刘惠飞，2002.日本人工鱼礁研究开发的最新动向 [J].渔业现代化，1: 25-27.

倪正泉，张澄茂，1994.东吾洋中国对虾的移植放流 [J].海洋水产研究 (15): 47-53.

农业部，2010.农业部关于印发《全国水生生物增殖放流总体规划》的通知 (2011—2015) [EB/OL]. (2010-12-19) [2021-07-20]. http://www.moa.gov.cn/govpublic/YYJ/201012/t20101219_1793509.htm.

农业农村部渔业渔政管理局，全国水产技术推广总站，中国水产学会，2020. 2020中国渔业统计年鉴 [M].北京：中国农业出版社.

唐启升，2019.我国专属经济区渔业资源增殖战略研究 [M].北京：海洋出版社.

杨吝，刘同渝，黄汝堪，2005.中国人工鱼礁的理论与实践 [M].广州：广东科技出版社.

叶泉土，1999.东吾洋中国对虾移植放流效果的研究 [J].海洋渔业，2: 61-66.

张澄茂，叶泉土，2000.东吾洋中国对虾小规格仔虾种苗放流技术及其增殖效果 [J].水产学报，24 (2): 134-139.

张其永，洪万树，杨圣云，等，2010.大黄鱼增殖放流的回顾与展望 [J].现代渔业信息，

25 (12): 3-6.

张硕, 何羽丰, 张俊波, 2018. 海洋渔业资源增殖放流发展现状及策略研究 [J]. 中国海洋经济, 1: 117-134.

奥村重信, 萱野泰久, 草加耕司, 等, 2003. ホタテガイ貝殻を利用した人工魚礁へのキジハタ幼魚の放流實験 [J]. 水産科学学会, 69 (6): 917-925.

Aleao M, Santos M N, Vicente M, et al., 2007. Biogeochemical Processes and Nutrient Cycling within an Artificial Reef off Southern Portugal[J]. Marine Environmental Research, 63 (5): 429-444.

Bell J D, Leber K M, Blankenship H L, et al., 2008. A New Era for Restocking, Stock Enhancement and Sea Ranching of Coastal Fisheries Resources[J]. Reviews in Fisheries Science, 16: 1-9.

Gomez-Buckley M C, Haroun R J, 1994. Artificial reefs in the Spanish Coastal zone[J]. Bulletin of Marine Science, 55 (2-3):1021-1028.

Jensen A, 2002. Artificial reefs of Europe: perspective and future[J]. ICES Journal of Marine Science (59):3-13.

Ponti M, Abbiati M, Ceccherelli V U, 2002. Drilling platforms as artificial reefs:distribution of macrobenthic assemblages of the "Paguro" wreck (northern Adriatic Sea) [J]. ICESces Journal of Marine Science, 59 (31):316-323.

Stone R B, 2006. National artificial reef plan[J]. Marine Policy (30): 605-623.

主要执笔人

王 俊　中国水产科学研究院黄海水产研究所　研究员
牛明香　中国水产科学研究院黄海水产研究所　助理研究员
李 娇　中国水产科学研究院黄海水产研究所　助理研究员

第六章 院士专家建议

建议一 关于促进福建省海水养殖业绿色高质量发展的几点建议

唐启升 方建光 黄凌风 苏永全 王 俊 沈长春 曾志南 蒋增杰

福建省是我国重要的海水养殖大省之一，2019年海水养殖产量达510.72万吨，居全国首位，占我国海水养殖总产量的1/4，为保障优质动物蛋白供给、提高全民营养健康水平、促进渔业产业兴旺和渔民生活富裕等作出突出贡献，同时，在实现碳中和/减排二氧化碳、净化水质/缓解水域富营养化等生态服务功能方面也发挥着重要作用。根据农业农村部等十部委联合发布的《关于加快推进水产养殖业绿色发展的若干意见》文件指示精神，积极探索和实践海水养殖绿色高质量发展的新路径和新举措，将有效推进福建省由海水养殖大省向海水养殖强省的转型升级，为海水养殖高质量发展模式创新提供可参考的样板，加快海洋强国建设。为了进一步推动福建省海水养殖业绿色高质量发展，在中国工程科技发展战略福建研究院咨询研究重大项目"福建省海洋渔业绿色发展战略研究"实施过程中，针对问题和需求提出几点建议。

（一）影响福建省海水养殖业绿色高质量发展的主要问题

1.基于养殖容量的海水养殖管理模式亟须建立

养殖容量是科学规划海水养殖规模、合理调整养殖结构、实施海水健康养殖管理的重要依据。我国山东荣成桑沟湾通过实施基于生态系统水平的海水养殖容量管理策略，使经历30多年规模化养殖的桑沟湾水质、沉积物、生态系统健康状况仍然保持在优良水平；挪威通过实施基于最大许可生物量（MAB）的养殖许可证制度，实现了大西洋鲑产业的可持续健康发展。福建省的海水养殖业经过多年数量型、规模化的发展，大部分海域养殖规模和密度已超过环境承载能力，养殖对环境和自身的影响问题逐渐显露，如诏安湾、深沪湾等海区牡蛎出现生长缓慢、肥满度降低等现象。虽然福建省已经开展了罗源湾、深沪湾、诏安湾等13个典型海湾的养殖容量评估工作，积累了丰富的数据资料和较好的研究基础，但已完成的67个县级养殖水域滩涂规划（2018—2030年）尚未与之形成很好的衔接，科技对产业的支撑力和约束力未能充分体现，亟须建立基于养殖容量的海水健康养殖管理模式来规范养殖生产活动。

2.以鲜杂鱼为主要饲料来源的鱼类网箱养殖环境污染严重

福建省海水鱼类网箱养殖产量42.9万吨，饲料来源主要依赖鲜杂鱼，年消耗量超120万吨，养殖配合饲料整体普及率仍然处于较低水平。以投喂鲜杂鱼为主的粗放式鱼类网箱养殖方式虽在生长方面有优势，但养殖效率低，饲料系数、产污系数分别为配合饲料的4倍和5倍，易污染水环境。据福建省海洋环境与渔业资源监测中心数据以及水产养殖业污染源产排污系数手册估算，2016年宁德地区鱼类养殖的氮输入达到8 842吨，其中鲜杂鱼饲料的污染贡献率超过90%。虽然近些年来养殖业者将投喂方式由直接投喂鲜杂鱼升级为多级搅拌制成鱼糜的方法，一定程度上提高了饲料利用率，但对水环境的污染依然严重，且视觉观感较差。

3.养殖结构和布局尚需优化和提升

贝类、大型藻类是福建省海水养殖主要种类，合计占福建省海水养殖产量的86.6%，合理规模的贝类、藻类养殖既有助于净化水质、减缓水域生态系统的富营养化进程，还具有重要的碳汇功能，将为实现碳中和发挥显著作用（即实现碳中和，不仅可以通过植树，也可以通过合理的贝藻养殖）。以海带为例，每1 000公顷可以移除碳、氮、磷分别为14 773.2吨、908.7吨和58.5吨，减排二氧化碳54 168.40吨。据报道，2018年7月以来，宁德市依据海水养殖水域滩涂规划，累计投入45.48亿元全面完成全市海上养殖综合整治工作，其中，清退贝藻类20.41万亩，升级改造贝藻类33.74万亩，一定程度上规范了海上无序的养殖局面，但目前的养殖结构主要为大黄鱼养殖，藻类、贝类养殖规模和占比太小，限制了其生态调控功能的发挥，表现为三沙湾近年来水环境出现营养盐升高、叶绿素升高的现象。

（二）主要建议

1.实施基于养殖容量的海水健康养殖管理制度

以宁德市的三沙湾、莆田市的平海湾—南日岛区域、漳州市的诏安湾等代表性海域作为管理试点，在福建省海洋与渔业局的统一部署和协调下，分别由当地政府渔业主管部门牵头,在推进养殖水域滩涂规划实施和养殖证发证登记进程中,将已有的养殖容量评估结果与养殖证登记信息进行关联,建立基于养殖容量的海水健康养殖管理体系,同时,充分发挥研究机构、渔业行业协会和学会等的协调职能,协助政府部门实现管理制度顺利实施的同时,加强科技支撑和行业自律。

2.推进以鲜杂鱼为原料的软颗粒饲料的研发和推广

借鉴日本、挪威的海水鱼类饲料加工、精准投喂等技术,在试点海域研发和优化以鲜杂鱼为原料的软颗粒饲料制作、投喂等工艺,将鱼糜成型机、自动投饵机、配送船等关键配套设施设备纳入农机购置补贴机具,通过培育1~2家龙头企业作为应用示范,推进软颗粒饲料的应用推广。此外,建议在"十四五"期间设立联合攻关项目,鼓励大学和科研机构积极参与,加快大黄鱼全价人工配合颗粒饲料的研制和推广,加快实现配合饲料对鲜杂鱼全面替代的工作步伐。

3.推广海水多营养层次综合养殖模式

以宁德市的三沙湾、莆田市的平海湾—南日岛区域、漳州市的诏安湾作为试点区域,分别由当地渔业主管部门等政府机构牵头,根据试点区域的资源禀赋、海水养殖种类的营养级及生物学特点,依据养殖水域滩涂规划,对投饵性鱼类、贝类、大型藻类等不同营养级生物的空间布局、合理配比等进行科学规划,因地制宜地构建并推广基于养殖容量的立体型和水平型鱼-贝-藻、藻-贝-参、鱼-藻-参等多营养层次综合养殖模式,促进传统的规模化海水养殖绿色高质量发展,为实现碳中和作出新的贡献。

建议人

唐启升	中国工程院院士	海洋渔业与生态	中国水产科学研究院
方建光	研究员	养殖生态	中国水产科学研究院黄海水产研究所
黄凌风	教授	海洋生态	厦门大学
苏永全	教授	水产养殖	厦门大学
王　俊	研究员	渔业资源	中国水产科学研究院黄海水产研究所
沈长春	教授级高级工程师	渔业资源	福建省水产研究所
曾志南	研究员	水产养殖	福建省水产研究所
蒋增杰	研究员	养殖生态	中国水产科学研究院黄海水产研究所

建议二　关于构建福建近海捕捞管理新模式和加快推进限额捕捞试点的建议

唐启升　王　俊　沈长春　黄凌风　方建光　苏永全　蒋增杰　曾志南

2000年修订的《渔业法》提出"我国渔业实行限额捕捞制度"，2006年和2013年国务院印发的《中国水生生物资源养护行动纲要》和《关于促进海洋渔业持续健康发展的若干意见》强调实施限额捕捞制度，2017年农业农村部印发了《关于进一步加强国内渔船管控实施海洋渔业资源总量管理的通知》并在重点省份开始限额捕捞管理试点。2018—2019年，福建省开展了厦漳海域梭子蟹笼壶作业渔船的限额捕捞管理试点，为探索适宜福建省的海洋捕捞管理模式积累了经验，但是，因限额捕捞试点的范围小、作业类型单一、种类少加之科技支撑和监管能力不足等原因，福建省全面实施近海限额捕捞制度依然任重道远。为此，中国工程科技发展战略福建研究院2020年启动了"福建省海洋渔业绿色发展战略研究"项目，以需求和问题为导向，提出了构建福建近海捕捞管理新模式和加快推进限额捕捞试点的建议。

（一）面临的主要问题

1.多种类渔业特点突出，限额捕捞试点少，示范推广的代表性不够

福建省地处台湾海峡，纵跨东海和南海，渔业生物种类丰富，据记载，鱼类有752种、甲壳类有65种、头足类有47种；近海捕捞渔具种类繁多，共9大类38种作业型式。当前，福建省近海渔业资源严重衰退，小型、低质种类在拖网、张网作业渔获物中占比大幅度增长，高达70%，多种类渔业特点更加突出。我国渔业限额捕捞虽然倡导多年，但实质性的研究和实践很少，没有可借鉴的成功案例；福建省近两年梭子蟹限额捕捞试点仅限于轮机拖网禁渔区线内282和283渔区，捕捞方式为笼壶作业，涉及的区域小、种类少，示范推广的代表性不够。

2.海洋捕捞监管体系不健全，渔获物上岸管理难度大

福建省海洋捕捞管理仍然是投入控制，如捕捞许可证制度、渔船数量和功率控制、最小网目和准入制度、伏季休渔等，而限额捕捞管理则是产出控制，需要有渔船进出港报告、渔获物定点上岸等健全的捕捞监管体系的支撑。然而，目前福建渔港的实际情况是管理人员少、经费压缩以及缺乏先进的渔船监控技术，加之渔获物海上交易、捕捞日志填写不完整和不准确等影响因素，渔

获物定点上岸、可追溯的管理困难。同时，渔获物上岸管理还需要渔政部门、市场监管部门、公安等多部门协同，开展联合执法，联合执法的体制机制亟待完善。

3.渔业资源调查针对性不强，难以支撑限额捕捞管理

多年来，福建省的科研院所先后参与了1996—2000年开展的我国专属经济区和大陆架勘测近海部分调查、2014—2018年的近海渔业资源调查和近岸产卵场调查以及捕捞信息采集等，为福建近海渔业资源管理提供了必要的基本情况。但是，由于没有建立系统性、连续性的常态化渔业资源调查评估机制，缺乏针对主要经济种类的专项研究，缺乏调查数据的共享和翔实的捕捞产量统计数据，致使对主要经济种类和特定区域的资源量、可捕量的研究不够，无法直接用于指导限额捕捞管理。

（二）对策建议

1.构建福建近海捕捞管理新模式，加快推进限额捕捞试点

全面推进"以投入控制为基础、产出控制为闸门"的海洋捕捞管理新模式建设。一是强化海洋捕捞作业渔船准入制度，加大"三无"渔船的惩罚力度，制定三年内的清理计划；二是优化海洋捕捞作业结构，压减选择性差、对渔业资源破坏大的拖网、张网作业渔船的数量、产量，严格控制最小可捕规格、最小网目尺寸；三是实施捕捞总量控制管理，落实主要捕捞种类定点上岸管理，科学评估可捕量，当主要捕捞种类（见附录）的累计产量达到当年总量控制目标的80%时，即启动熔断机制；四是加快推进限额捕捞试点，由北向南按市县选择主要捕捞种类或特定区域4个以上，开展限额捕捞试点。

2.强化实施限额捕捞的监管体系建设

加快制修订与限额捕捞相匹配的管理制度及其实施细则，为监管提供法律依据。以推进现代渔港建设为抓手，强化渔获物上岸管理，建立渔船进出港报告、渔捞日志填报、渔获物抽查、航迹记录核对等为基础的渔获物可追溯管理体系；强化监管能力建设，推进渔船管理系统（VMS）等现代监控技术的使用，提升执法部门自动化、智能化监管能力。建立政府主导，渔政、市场、公安等多部门协同的联合执法体制机制。

3.加强实施限额捕捞的科技支撑能力

成立福建省海洋渔业资源评估专家委员会，下设相应的限额捕捞试点种类或区域评估工作组，针对限额捕捞试点需求加大科研调查经费投入，发挥科研

院所的渔业资源研究力量和科研条件的作用，对重点区域和重要捕捞种类进行系统、全面的专项调查，建立调查数据共享机制和平台。同时，加强渔业产量统计体系建设，纳入数据共享平台，实时为专家委员会、工作组提供翔实的捕捞数据，科学评估近海渔业的资源量和可捕量，发挥科研对限额捕捞管理的支撑作用。

建议人

唐启升	中国工程院院士	海洋渔业与生态	中国水产科学研究院
王　俊	研究员	渔业资源	中国水产科学研究院黄海水产研究所
沈长春	教授级高级工程师	渔业资源	福建省水产研究所
黄凌风	教授	海洋生态	厦门大学
方建光	研究员	养殖生态	中国水产科学研究院黄海水产研究所
苏永全	教授	水产养殖	厦门大学
蒋增杰	研究员	养殖生态	中国水产科学研究院黄海水产研究所
曾志南	研究员	水产养殖	福建省水产研究所

附　　录

福建省主要海洋捕捞种类2018—2019年产量占比及累计情况

种类	2018年	2019年	平均	累计			
蓝圆鲹	14.30%	13.26%	13.78%	34.50%	55.17%	70.17%	81.04%
带鱼	8.18%	8.31%	8.24%				
鲐鱼	7.10%	8.11%	7.61%				
梭子蟹	4.88%	4.85%	4.87%				
鳀鱼	3.97%	3.92%	3.95%				
海鳗	3.64%	3.68%	3.66%				
鲳鱼	3.40%	3.50%	3.45%				
鱿鱼	3.09%	3.45%	3.27%				
毛虾	3.41%	3.10%	3.26%				
鲷鱼	3.24%	2.96%	3.10%				
鲅鱼	2.38%	2.51%	2.44%				
鹰爪虾	2.37%	2.46%	2.41%				
马面鲀	2.43%	2.03%	2.23%				
虾蛄	2.01%	2.06%	2.03%				
乌贼	1.75%	1.91%	1.83%				
对虾	1.52%	1.68%	1.60%				
鲻鱼	1.45%	1.21%	1.33%				
梅童鱼	1.14%	1.07%	1.11%				
章鱼	0.89%	1.07%	0.98%				
石斑鱼	0.95%	0.99%	0.97%				

（续）

种类	2018年	2019年	平均	累计		
青蟹	0.93%	0.93%	0.93%			
梭鱼	0.85%	0.91%	0.88%			
玉筋鱼	0.73%	0.67%	0.70%			
海蜇	0.69%	0.69%	0.69%			
鳓鱼	0.67%	0.69%	0.68%			
竹筴鱼	0.65%	0.63%	0.64%			
鮸鱼	0.59%	0.63%	0.61%			
小黄鱼	0.56%	0.57%	0.56%			81.04%
白姑鱼	0.53%	0.56%	0.54%			
金线鱼	0.52%	0.54%	0.53%			
沙丁鱼	0.43%	0.61%	0.52%			
黄姑鱼	0.49%	0.49%	0.49%			
蟳	0.33%	0.27%	0.30%			
方头鱼	0.25%	0.25%	0.25%			
鲱鱼	0.20%	0.24%	0.22%			
大黄鱼	0.21%	0.18%	0.20%			
金枪鱼	0.14%	0.19%	0.17%			

福建省海洋渔业绿色发展战略研究项目组成员名单

唐启升	工程院院士	中国水产科学研究院黄海水产研究所
赵法箴	工程院院士	中国水产科学研究院黄海水产研究所
林浩然	工程院院士	中山大学
徐 洵	工程院院士	国家海洋局第三海洋研究所
麦康森	工程院院士	中国海洋大学
戴民汉	科学院院士	厦门大学
方建光	研究员	中国水产科学研究院黄海水产研究所
王 俊	研究员	中国水产科学研究院黄海水产研究所
黄凌风	教授	厦门大学
苏永全	教授	厦门大学
刘修德	高级工程师	中国海洋工程咨询协会
江 媛	高级经济师	中国工程院咨询中心
蒋增杰	研究员	中国水产科学研究院黄海水产研究所
刘世禄	研究员	中国水产科学研究院黄海水产研究所
曾志南	研究员	福建省水产研究所
沈长春	教授级高级工程师	福建省海洋水产研究所
关长涛	研究员	中国水产科学研究院黄海水产研究所
张 波	研究员	中国水产科学研究院黄海水产研究所
牛明香	副研究员	中国水产科学研究院黄海水产研究所
李忠义	副研究员	中国水产科学研究院黄海水产研究所
房景辉	副研究员	中国水产科学研究院黄海水产研究所
毛玉泽	研究员	中国水产科学研究院黄海水产研究所
李 娇	助理研究员	中国水产科学研究院黄海水产研究所

袁　伟	助理研究员	中国水产科学研究院黄海水产研究所
吴　强	助理研究员	中国水产科学研究院黄海水产研究所
蔺　凡	助理研究员	中国水产科学研究院黄海水产研究所
姜娓娓	助理研究员	中国水产科学研究院黄海水产研究所
苏新红	研究员	福建省水产研究所
艾春香	副教授	厦门大学
李永涛	博士后	中国水产科学研究院黄海水产研究所
亢世华	博士后	中国水产科学研究院黄海水产研究所
蔡建堤	副研究员	福建省水产研究所
马　超	助理研究员	福建省水产研究所
刘　勇	助理研究员	福建省水产研究所
徐春燕	助理研究员	福建省水产研究所
庄之栋	研究实习员	福建省水产研究所
巫旗生	助理研究员	福建省水产研究所
祁剑飞	助理研究员	福建省水产研究所
宁　岳	助理研究员	福建省水产研究所
薛素燕	助理研究员	中国水产科学研究院黄海水产研究所
李加琦	助理研究员	中国水产科学研究院黄海水产研究所
骆苑蓉	助理教授	厦门大学
杨志伟	工程师	厦门大学
张艳华	项目聘用人员	厦门大学
郑利兵	博士研究生	厦门大学
谢　斌	研究生	厦门大学
白怀宇	研究生	厦门大学
王晓芹	项目聘用人员	中国水产科学研究院黄海水产研究所

李凤雪	项目聘用人员	中国水产科学研究院黄海水产研究所
董世鹏	研究生	中国水产科学研究院黄海水产研究所
孟 珊	研究生	中国水产科学研究院黄海水产研究所
侯 兴	研究生	中国水产科学研究院黄海水产研究所
许 越	研究生	中国水产科学研究院黄海水产研究所

图书在版编目（CIP）数据

福建省海洋渔业绿色发展战略研究 ／ 唐启升主编
. —北京：中国农业出版社，2022.1
ISBN 978-7-109-29529-2

Ⅰ.①福… Ⅱ.①唐… Ⅲ.①海洋渔业－渔业经济－
经济发展战略－研究－福建 Ⅳ.①F326.475.7

中国版本图书馆CIP数据核字（2022）第094578号

中国农业出版社出版
地址：北京市朝阳区麦子店街18号楼
邮编：100125
责任编辑：王金环　　文字编辑：蔺雅婷
版式设计：王 晨　责任校对：沙凯霖　责任印制：王 宏
印刷：北京通州皇家印刷厂
版次：2022年1月第1版
印次：2022年1月北京第1次印刷
发行：新华书店北京发行所
开本：700mm×1000mm　1/16
印张：7.75
字数：200千字
定价：128.00元
